u books

地図で読む世界と日本

今尾恵介

白水 u ブックス

地図で読む世界と日本＊目次

凡例

＊出版社名の記載がない外国地図は各国・州の測量局、またはそれに準ずる機関が作成したものです。

＊倍率の記載がない地図はすべて原寸です。

＊日本の地図で出版社表記のないものは国土地理院発行の地形図、または地勢図（帝国図）です。

地図とは何か

地図の定義を辞書などで調べてみると、「地表を一定の割合で縮め、記号や文字などで主に平面上に表わした図」という説明が一般的だ。なるほど優等生的な答えかもしれないが、この定義は必ずしも正しくはない。

まず「一定の割合で縮める」とは何だろうか。よく世界全図に用いられるメルカトル図法を思い浮かべてみよう。経緯度線がすべて直角で交わるように設計された図で、図上で目的地まで直線を引いた角度で船を動かせば必ずそこに到着できる「等角航路」が得られる（同一経線上以外は最短距離ではない）。しかし高緯度地方が極端に拡大されるなど、「世界のかたち」を把握するためにはかなり不都合な図である。この地図は一定の割合では縮められていない。

またイラストマップなどで観光地を大きく描き、それ以外の周辺部を小さくしたり省略する手法は当たり前のように使われているが、イラストマップも地図であることは間違いない。「一定の割合で正確に縮めている」はずの二万五千分の一などの地形図についても、細かいことを言えば、黒い四角形で表わされた「家」はたいてい実際の一軒より大きいし、崖下の海岸を新旧の国道と鉄道が並行している区間などは、そのまま律儀に縮小すると鉄道と道路の記号が重なってしまうので崖の位置を実際の位置よりずらしたり、傾斜を急に表現してようやく交通路を押し込んでいる。

ここで行なわれているのは、具体的には「総描《そうびょう》」や「転位」と呼ばれる地図の作法なのだが、どんな地図でもこのような「一定」にできない場面は多少なりとも存在する。市街地にあるビルの中の郵便局や高層建築の谷間にたたずむ小さな神社、記念碑や用水路の橋、間口が一〇メートルに満たない町工場などなど、縮尺によってはとても全部表わせないことがあるが、その場合には何を活かし、省略するか取捨選択を行なう必要がある。

そもそも、どんな省略も転位も許さない正確無比な地図があるとしたら、それは空中写真そのものでしかありえないわけだが、写真は地図としては非常に使いにくい。以上述べたような「見やすくするための操作」が行なわれていないからだ。

それでは、その操作の基準はどうすればいいだろうか。それは地図がどんな目的で使われるかにかかっている。道路地図なら交差点名やコンビニ、学校やマンションの名前が必要となるが、微妙な地形の起伏はそれほど重視しなくていい。反対に地形図であれば、その土地がどんな地形であり、またそこが何に使われているか――たとえば畑か広葉樹林か市街地かといった表示が重要になる。

地図はその作製目的によって省略や取捨選択の作法を異にするわけだが、これは、目的に従ってある地域の姿を描き出す作業であり、それを実現させるために不可欠なのが記号だ。学校や郵便局のマークにとどまらず、等高線や道路、海や川面に着色する水色を含めて広い意味の記号（これを図式という）が定められており、これらの組み合わせで読者にその対象とする世界を提示していく。当然ながら所変われば記号も異なり、外国には見たこともない記号があふれている。ある地域の姿をわかりやすく表現するという目的を実現するため、図式は必然的に各国の歴史や文化、生活様式を反映したものとなるのだ。

そのような世界のさまざまな地図を凝視すれば、見えてくることは多い。川が長年の浸食や堆積作用で作り上げた土地、火山活動によって数年で激変してしまった地形、そこに住む人たちが作った集落の姿も気候風土や文化、宗教などによってさまざまな形をとるし、もしもそこに軍事的な秘密がからんでくると、必ずしも素直に地図上に町や線路、工場などの形がそのまま表わされないことも生じてくる。場合によっては正確なはずの地図が結果的にウソをつくこともあり得るのだ。積極的にウソをつかなくても、領土に関して隣国どうしで主張が異なっていれば、「真実」は立場によって違ってくる。

読者の皆さんには、地図というものがいかに多様であり、それをよく見ることで実にさまざまなものが浮かびあがってくること、この地球上のいろいろな価値観が無数の地図の上でさまざまなトーンで主張されていることの面白さを知っていただきたい。本書がそのきっかけとなることを願っている。

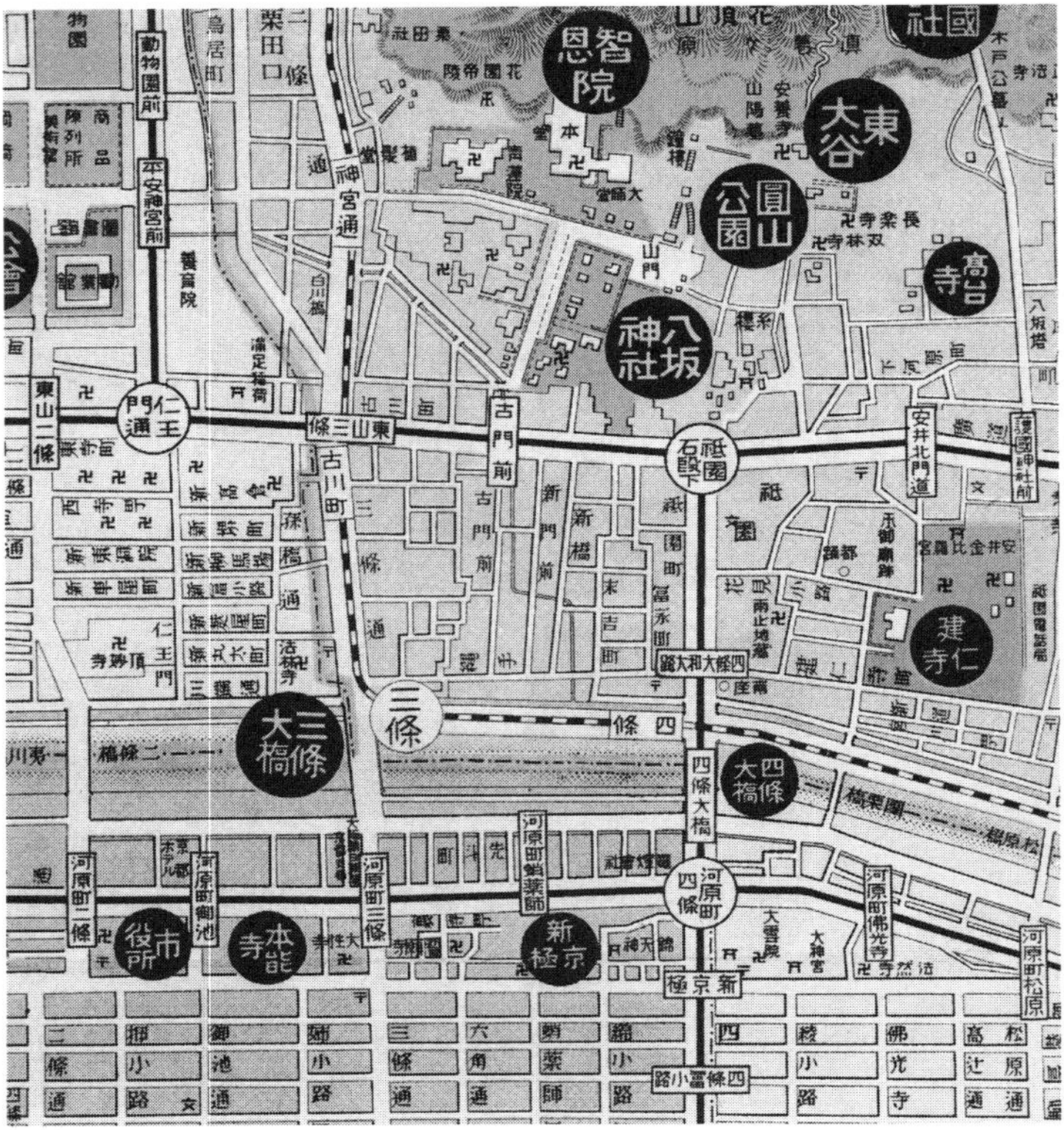

誰でも街の姿を捉えやすい案内地図の傑作。
戦前からの代表的観光地ならではの表現。
「大京都市街地図」和楽路屋（大阪市）昭和 15 年発行。（75%縮小）

1 世界共通ではない地図記号

ドイツの地図に田んぼの記号はない

　地図と現実の違いは何だろう。空中写真や衛星画像は今や「グーグル」を始めとしてネットで簡単に見られるようになったが、その映像を見ながらクルマを走らせたり散歩するのは非常にむずかしい。建物や木々の陰になって切れ切れに見える道をたどるのは大変だし、そもそも地名も番地も載っていない。

　やはり空中写真ではなく地図が不可欠なのだが、さて写真よりも地図の方が使いやすい理由は、クルマや歩いての移動のために役立つように加工されているからだ。具体的には、たとえばお屋敷町や山の中の鬱蒼たる樹木が交差点を隠している場所があれば、まずそれらを「伐採」することだ。それから、たいていの場合は道路幅を拡大し、時には色を付けて目立たせる。道路地図なら交差点名を載せたりもする。交差点のところにお寺があったとすれば、縮尺の大きな地図なら本堂の平面形の輪郭を描いて「○○寺」と名前を入れ、縮尺が小さければ卍マークを置いておく。

　ここで樹木を省略して道路を太く誇張し、お寺を卍マークに置き換える作業が簡単に言えば地図作りの仕事なのだが、その作業方針を決めるのは「どんな地図を作るのか」という思想である。地図を作るのに木を省略するのはほとんどの場合当たり前かもしれないが、場合によって、たとえば「樹木分布図」を作る場合は決して木を省略してはいけない。

地図の記号について考えてみよう。

唐突だが、「犬」という言葉で人が何を連想するかといえば、柴犬かポメラニアンかミニチュアダックスフントか、具体的な映像を思い浮かべることもあるだろうが、「犬一般」という概念を思い浮かべる場面もあるはずだ。犬は哺乳類の中の特定のグループの総称であって「犬そのもの」という生き物は存在しないので、「犬一般」を写真に収めるのは不可能であるが、しかし人間の特技として、誰でも「犬一般」をイメージすることができる。これは広義の記号化が頭の中で行なわれているからだ。形あるものだけでなく、幸せ、近代化、歴史などという抽象的な概念も同様である。

地図記号も同じで、たとえば個々の木々は千差万別でも、日本の地形図は針葉樹林と広葉樹林、はいまつ、やし科樹林などに分けている。またリンゴ園でもミカン畑であっても「果樹園」の記号で一般化している。どこまで分類をするかは一様ではないが、地図の作製目的によって、また製作国・地域の文化などによっても違ってくるのは当然だろう。

日本では田んぼの記号は知名度が高く、小学生でも知っている。厳密に言えば国土地理院の昭和四〇年地形図図式以降の「田」という記号で、以前は沼田（湿田）・水田・乾田と三種類に分かれていたこともある。ついでながらこの記号はイネの田だけを表わすとは限らず、あまり知られてはいないがレンコンを栽培する蓮田やワサビ田、イグサの田もこれに含まれている。ついでながら陸稲《おかぼ》（畑で作る稲）は田の記号ではなく畑の記号だ。分類は作物本位というよりは景観・土地条件を加味したものとなっている。

農地に関する日本の地形図の記号は一五ページ図1の通りだが、「田」の他は「畑・牧草地」「果樹園」「桑畑」「茶畑」「その他の樹木畑」の計六種類となっている。ちなみに果樹園には梅干しのための梅林も含まれるが、意外にもパイナップルは「畑」扱い。これも景観本位の表われと言える。なお、「その他の樹木畑」はわかりにくいが、キリ、ハゼ、コウゾなどの樹木、それに庭木を栽培している所が含まれている。

さて、外国の農地の記号はどうなっているだろうか。まずはアメリカ合衆国。この国の官製地形図（USGS＝合衆国地質調査所）は植生に限らず記号が少なくてシンプルな図式が特徴だが、農地は果樹園（orchard）とブドウ畑（vineyard）の二種類しかない。広大なグレートプレーンズ（ロッキー山脈東側の大平原）の小麦畑などは、碁盤目に区画された大平原に何も記号のない空白が延々と続いている。他の国でも農地の記号はたいてい日本より少ないが、興味ある国をいくつか挙げてみよう。

ドイツでは地方分権の国らしく各州ごとに測量局が置かれ、それぞれが図式を定めているため、州によって色合いからデザインに至るまで少しずつ異なる。図2では南西部にあるバーデン＝ヴュルテンベルク州（州都はシュトゥットガルト）のものを挙げてみた。農地関係ではブドウ畑とホップ畑しかないのだが、これがみごとにワインとビールの原料である。ドイツの食卓になくてはならない作物として重要視されているから記号になったのだろう。当然のことながらドイツの地形図には田んぼの記号はない。

ヨーロッパでもゲルマン系の地形図に比べてラテン系各国は相対的に記号の数が多いようだ。たとえばイタリアの農地の記号はかなり充実していて、アーモンド、かんきつ類、オリーブ、ブドウ畑と実に細かい（図3）。いずれも地中海性気候のイタリアが得意とする農産物ばかりである。この国は樹木記号の種類もたくさんあって、ニレ、クリ、ブナ、ポプラ、モミ、カラマツ、マツ、イトスギと諸外国に比べて突出して多い。最初に記号を定めた時に影響力のある植物学者が参加したからだろうか。

アジア・アフリカに目を向けてみるとまた違う。タイの官製地形図には、やはり世界的なイネの産地ゆえに当然ながら田の記号がある。農地では他に「果樹園またはプランテーション」の記号だけだが、植生記号では竹林やニッパヤシ林の記号がその気候を感じさせ、風景を想像させてくれる。アフリカ南東部のモザンビークの地形図（図4）にはサイザル麻、コーヒー、カシューナッツ、茶、バナナ、サトウキビ、マンディオカ（別名キャッサバというイモ。掲載範囲外）など種

図 1　日本の地形図の記号（国土地理院 1：25,000 および 1：50,000）

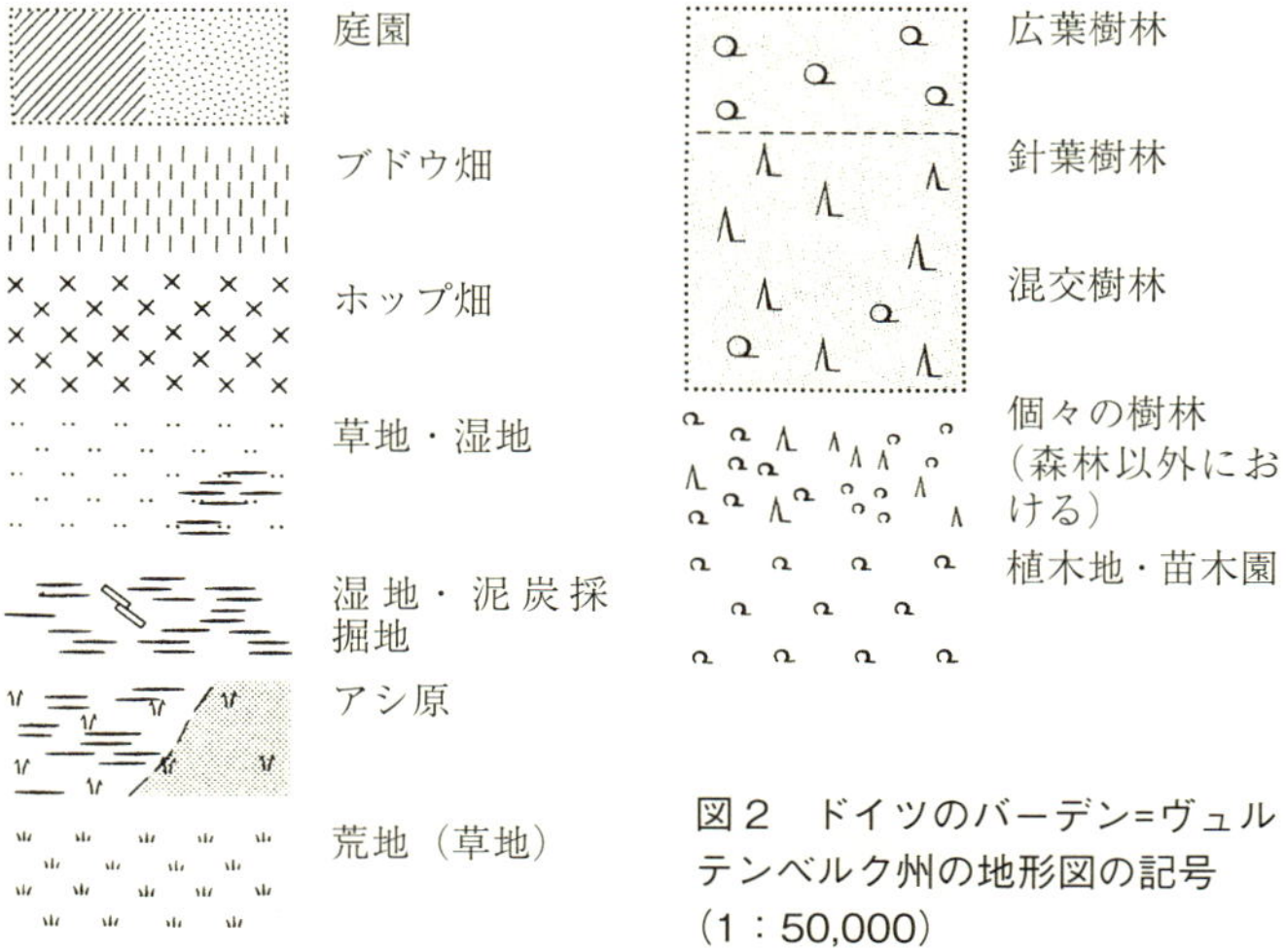

図 2　ドイツのバーデン=ヴュルテンベルク州の地形図の記号（1：50,000）

15　世界共通ではない地図記号

類が多い。またキューバの地形図はそれほど種類が多いわけではないが、特に記号が与えられているものとしては想像の通り、ご当地名産のサトウキビとタバコである。

振り返って日本の地形図の記号で特徴的なものとしては、桑畑と茶畑が挙げられる。特に桑畑は生糸を作ってくれるカイコの餌であり、戦前まで日本の最重要輸出産品であった生糸・絹製品を産み出すための重要作物として記号化されたと考えられそうだ。茶もそうで、主に欧米向けに紅茶用として大量に輸出された。清水港などでは明治に入って国際貿易港となってから茶葉輸出用の鉄道（現・静岡鉄道）が敷設されたほどである。他に和紙の原料となるミツマタの記号も戦前には存在した。昭和三〇年代まではタイプライター用紙として土佐などの和紙が盛んにアメリカへ輸出されていたそうだ。

余談だが、日本とドイツの地形図記号は全般によく似ている。なぜかといえば、明治二〇年代に日本がドイツの地形図記号を直輸入に近いかたちで採用したものが多いからだ。特に鉄道の記号や針葉樹林・広葉樹林などはほとんど同じである。実は日本にもブドウ畑という記号が導入され、明治三三年図式まで使われていたのだが、その後は果樹園に統合された。やはりモーゼル川沿いの斜面がことごとくブドウ畑になっているようなドイツと違って、甲州勝沼や牛久のワイナリーのような一部を除けばブドウをまとまって栽培しているところがあまりなかった当時、この記号が廃止の対象となったのは不思議ではない。

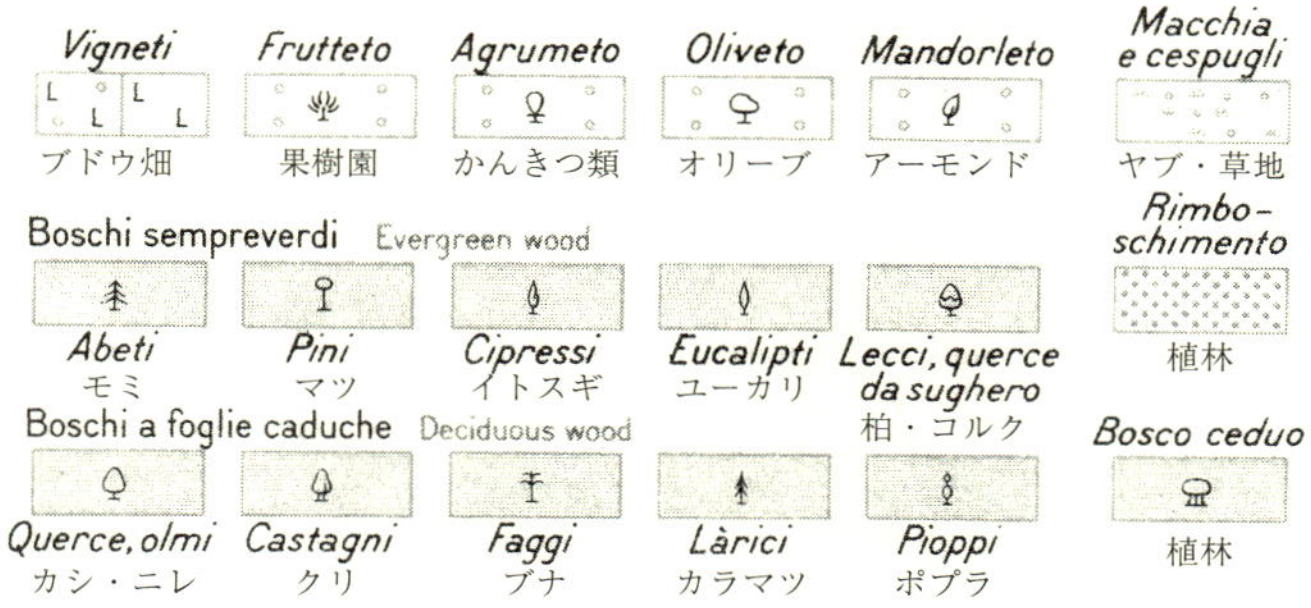
Vigneti
ブドウ畑
Frutteto
果樹園
Agrumeto
かんきつ類
Oliveto
オリーブ
Mandorleto
アーモンド
Macchia e cespugli
ヤブ・草地
Boschi sempreverdi
Evergreen wood
Abeti
モミ
Pini
マツ
Cipressi
イトスギ
Eucalipti
ユーカリ
Lecci, querce da sughero
柏・コルク
Rimbo-schimento
植林
Boschi a foglie caduche
Deciduous wood
Querce, olmi
カシ・ニレ
Castagni
クリ
Faggi
ブナ
Làrici
カラマツ
Pioppi
ポプラ
Bosco ceduo
植林

図３　イタリアの１：50,000 地形図の農地・森林記号

Bambú , bananeira ; cajueiro
竹　バナナ　カシュー（ナッツ）
Cacoeiro , cacto , cafeeiro
カカオ　サボテン　コーヒー
Cana sacarina , chá
サトウキビ　茶
Coqueiro , culturas em geral , eucalipto
ココヤシ　一般的な耕地　ユーカリ
Floresta, imbondeiro, jardim
森林　バオバブ　庭園
Cultura Familiar
個人所有の耕地
Sisal , tabaco
サイザル麻　タバコ

図４　モザンビークの１：50,000 地形図の記号

これまで見たように、その国・地域にとって重要なもの、特徴的なものが記号化されている。植生の記号だけをとってみても、当然のことながらお国ぶりが見事に反映されていることがおわかりいただけたと思う。

〒が郵便局なのは日本だけ

〒が郵便局というのはだれでも知っている。このマークは郵政省から日本郵政公社を経て現在のＪＰ日本郵政グループ四社になっても引き継がれており、日本国内では完全に定着しているマークと言える。

それではこの記号、いつ頃から使われているのだろうか。調べてみると、明治二〇年（一八八七）に、当時郵政業務を管轄していた逓信省の告示で定められたという長い歴史を持つ記号である。その告示に「本省全般ノ徽章トス」とあるように、郵便局だけでなく電気通信分野にもこれが使われた。よく電気製品に〒マークを逆三角形で囲んだものを見かけるが、これは逓信省電気試験所が電気用品取締法に基づく試験に合格したものに付けたものだ（平成一三年からはマークが変更された）。ちなみに〒マークの形の由来は逓信省のカタカナの頭文字、テの字から採ったという説が有力だ。発想が安易といえば安易だが、真っ赤なこのマークは簡潔でよく目立つので良いデザインといえる。

さて、地図記号の世界ではどうか。日本地図センター編『地図記号のうつりかわり』（同所発行）によれば、国土地理院の前身である陸軍参謀本部が最初に定めた郵便局の記号は、明治一三年（一八八〇）に整備が始まった「二万分一迅速測図」のもので、二〇ページの最上段の記号がそれだ。〒マークの制定以前なので、当然ながら違う記号であった。横線に黒丸のデザインは、同書によれば「郵便運送馬車や郵便収集車の旗の図案」という。

〒マークが最初に登場するのは「逓信省徽章」制定後初めての明治二四年図式からである。現在のように丸で囲まれてはいないが、正確にはこの記号は「郵便電信局」の記号であり、電信を扱わない郵便局については別に角封筒の記号が使われていた。それが明治四二年図式になると角封筒記号が廃止されて〒が郵便局、〶が郵便電信局と変更になる。その後は昭和三〇年図式で〒が無集配郵便局、〶が集配郵便局と内容を変更、電信電話局には別に旧電電公社のマークが採用された（昭和六〇年の同公社民営化に伴って同六一年図式で廃止）。昭和四〇年図式からは全部まとめて〶となって現在に至っている。

それでは外国の地図で郵便局はどのように表現されているだろうか。以上述べたように〒マークが逓信省の「テ」であることを理解すれば日本以外に使われる由もないが（日本が技術協力したサウジアラビアの地図に例外的に使われたことがあるそうだ）、それ以前に、これは意外なこ

郵便局記号の変遷（日本の地形図）

（と関連）

1
迅速測図・仮製図式
（明治13年〜）

郵便局

2
明治24・28・33年式

〒 郵便電信局
✉ 郵便局
電信局
電話交換局（28・33年式）

3
明治42年式・大正6年式

〒 郵便・電信（電話）を兼ねる局
〒 郵便局
電信局
電話局

4
昭和30年式・35年加除式

〒 集配郵便局
〒 無集配郵便局
電報電話局

5
昭和40年式〜現在

〒 郵便局
電報電話局（昭和61年図式で廃止）

外国の郵便局記号あれこれ

✉ 欧州を中心に世界各地で使われている「角封筒型」

ドイツ、スイスなど欧州に多い「ポストホルン型」

P イギリス・カナダの地形図等

（フランス郵政公社のロゴマーク）
フランス（ミシュランの市街地図）

★ イギリス（A-Z 市街地図）

台湾の郵便局・銀行の記号（市街図）

✉ 郵局　✉ 郵局

とかもしれないが、外国の二万五千分の一や五万分の一などの地形図を見る限り、郵便局の記号はない国の方が多い。郵便局に限らず、市役所や警察署、税務署、測候所など日本では当たり前のように昔から存在している諸施設の記号も、外国ではかなり種類が少ないのだ。これは「地形図がどのような地図であるべきか」の判断が国によって異なるためと考えられるが、その問題はひとまず措く。

これに対して市街地図にはまず確実に郵便局の記号がある。欧米の市街地図での多数派の代表格が封筒マークまたは「ポストホルン」だろう。後者はかつて郵便馬車の馭者《ぎょしゃ》がこの楽器を鳴らして走ったことにちなむもので、モーツァルト（一七五六～九一）にもポストホルンを使うよう楽譜に指定した通称「ポストホルン・セレナーデ」という曲がある。

ドイツではポストホルンの形が、民営化された「ドイツポスト」の商標にも継承され、その黄色地に黒いポストホルンのマークはすっかり定着している（イギリスなどを除くヨーロッパでは郵便のイメージカラーは黄色が多い）。ドイツの場合は一九九〇年からの段階的な民営化で郵便局の概念が変わった。つまり一般商店に郵便業務を委託しているところが多く、たとえばフランクフルト市測量局の市街地図ではこれを郵便局と「委託郵便局」で色を変えて表現している。

他の国でもポストホルンを使う国は東欧などを含めて多いが、ミシュランの市街地図や韓国などのように郵便局のロゴをそのまま使う例も少なくないようだ。各国の郵政当局のマークを熟知していないので、どのくらいその例があるかはわからない。

ポストホルン以外で多いのは角封筒型。これもヨーロッパの各国やアメリカなどで使われている。日本でも前述のように明治期の図式で用いられていたのは、当時の地形図図式全般がヨーロッパ、特にドイツから輸入したものが多かったためだろうが、日本では早くから〒マークに取って代わられたため、その後もポストホルンや角封筒型のマークは民間の市街地図にも使われずに今日に至っているのだろう。

イギリスでは「A―Z」で知られる市街地図が赤い星印を郵便局の記号としている。星印はロゴマークとの関係はなさそうだが、郵便ポストがたいてい黄色い大陸と違って、やはり日本と同じ赤いポストのイギリスだから星が赤いのは納得できる。

それ以外ではイギリスの地形図に見られるPの文字、アメリカの市街図などで使われるPO（ポストオフィス）などの略記も英語圏では珍しくない。ただしPは場合によっては警察（ポリス）の略号として使われるし、駐車場（パーキング）にも使われるので要注意だ。駐車場のマークは、日本では主に青い四角や丸の中にPを白抜きで入れていて、街なかに溢れている。ヨーロッパではPの上に三角形を重ねて「屋根付き駐車場」を表わすバリエーションもある。

さて、日本独自の記号である〒マークと言ったが、実は台湾の地図にもこれが使われている。台湾は日清戦争後から第二次世界大戦終了まで日本の植民地であったため、大日本帝国陸地測量部が全土の地形図を作製していた戦前の地図なら当然だが、現在の市街地図で使われている〒マークは実は郵便局ではない。

メイン縮尺が八千分の一という詳細な台中市の市街地図帳『大台中都会百科全図』を取り上げてみよう。台中市の人口は約二七〇万（二〇一三年）、台湾第三の都市で、文字通り台湾西海岸のまん中（より少し北）に位置する。台湾西海岸を南北に貫く幹線である縦貫鉄路の台中駅からまっすぐ伸びるのは中正路という。中正とは言うまでもなく「国父」蔣介石であり、台北の国際空港にも最近までその名が冠せられていた（現在は台湾桃園国際空港）。

「郵便局」がひしめいている理由

市の中心部を見ると日本の郵便局のマークがズラリと並んでいてオヤッと思わせるが、あわてて凡例を見ると銀行であった（銀行・信用合作社）。日本の郵便局記号は通信省のテの字を図案化したのだから日本独自のものと思いきや、なぜ銀行の記号として使われているのだろうか。台湾の別の出版社では銀行を日本の神社のような記号で表わしているのを見たことがある。

通りの名前に注目してみると、図の右端に見える自由路は東側が自由路一段、西側が二段だ。「段」は日本でいえば「丁目」にあたるが、住居表示は欧米と同様のストリート方式を採っている。図の右下から左上にかけてまっすぐ伸びるのが民権路であるが、台湾の通りの名はこのように

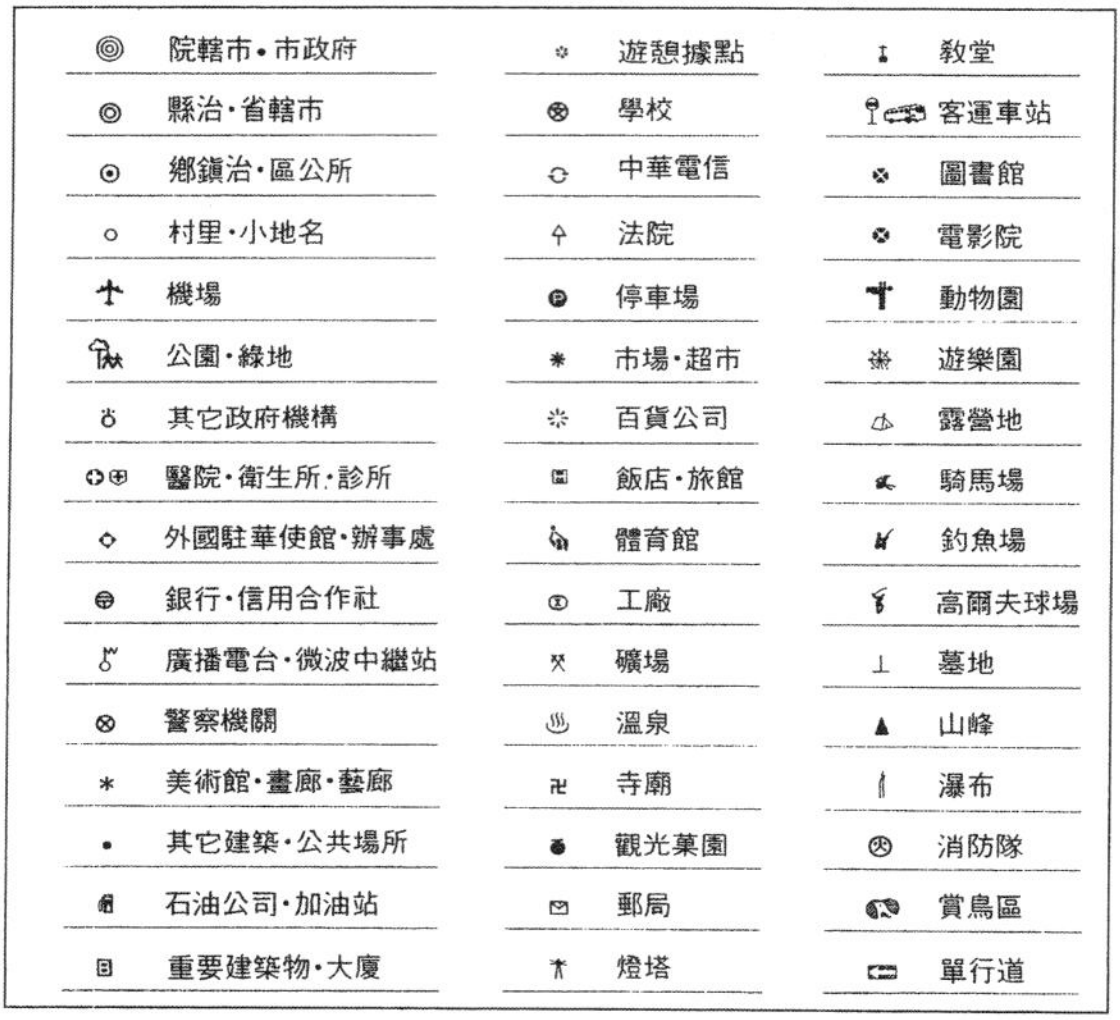

院轄市・市政府
縣治・省轄市
鄉鎮治・區公所
村里・小地名
機場
公園・綠地
其它政府機構
醫院・衛生所・診所
外國駐華使館・辦事處
銀行・信用合作社
廣播電台・微波中繼站
警察機關
美術館・畫廊・藝廊
其它建築・公共場所
石油公司・加油站
重要建築物・大廈
遊憩據點
學校
中華電信
法院
停車場
市場・超市
百貨公司
飯店・旅館
體育館
工廠
礦場
溫泉
寺廟
觀光菓園
郵局
燈塔
教堂
客運車站
圖書館
電影院
動物園
遊樂園
露營地
騎馬場
釣魚場
高爾夫球場
墓地
山峰
瀑布
消防隊
賞鳥區
單行道

台湾の民間市街図の地図記号の例（『大台中都会百科全図』第 29 図 1：8,000、戸外生活図書股份有限公司、1988）

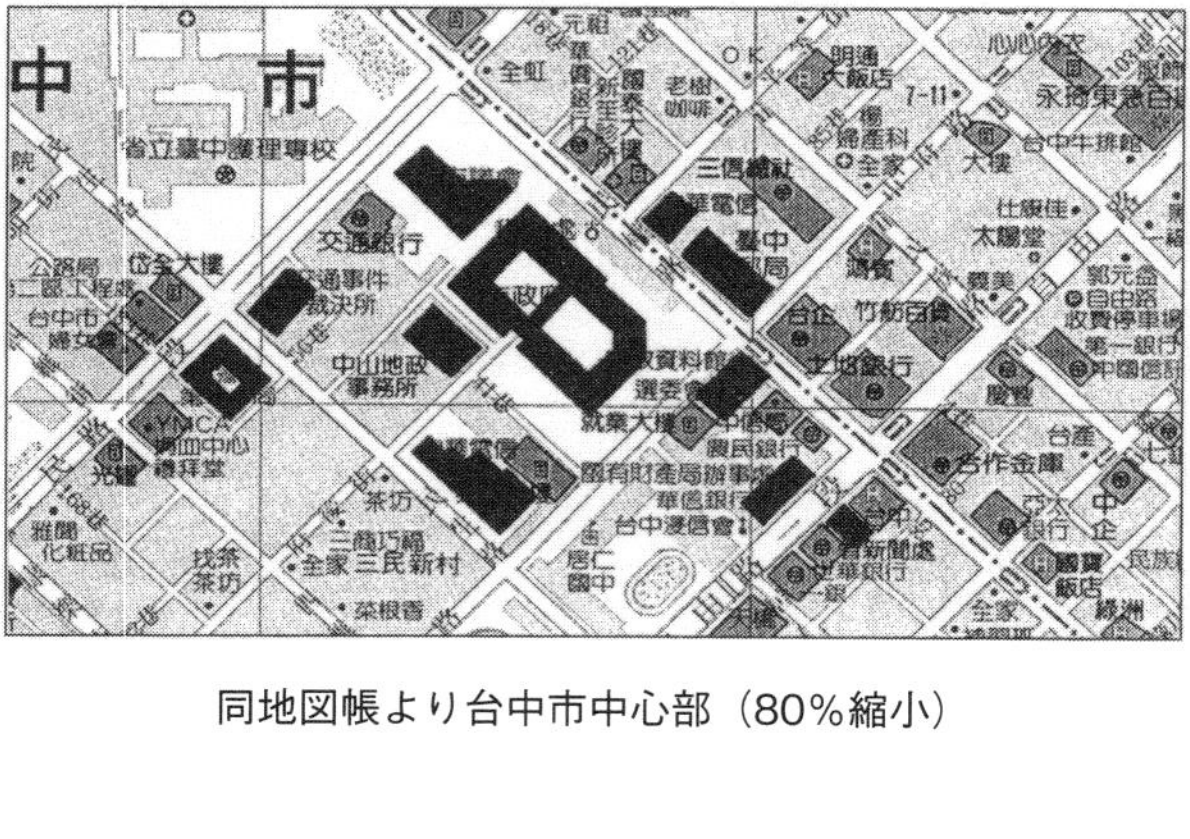

同地図帳より台中市中心部（80%縮小）

概念的なものが多く、台中でざっと拾っても三民路、民生路、復興路、建成路、建国路などいくつでもある。その点では社会主義国である中国本土に似ているかもしれない（用語は異なるが）。ついでながら民権路の南端近くにある「全家」は「全家便利商店」。日本のファミリーマート（コンビニ）である。

警察署も学校も日本の地図記号と同じ

ちなみにこの地図帳で台中の郊外に「中華婦女反共聯会」というのを発見した。イデオロギーという言葉が遠くなったが、こんなところにまだまだ名残があるのだ。

銀行が「郵便局マーク」とすれば、郵便局（郵局）の記号はどうかといえば「角封筒」であった。日本でも明治時代には地形図で使われていたこともあり、これはどちらかといえばヨーロッパに見られる国際的な記号といえる。

それにしても、この台中の地図帳では日本の地形図の記号と共通するものが目立つ。たとえば電波塔（広播電台・微波中継站）や墓地はまったく同じだし、〇の中に×印の警察署（警察機関。派出所も含む）も同じだ。学校も文を〇で囲んだものが使われている。それから「中華電信」の記号は、今は懐かしい日本の旧電電公社の記号そのものだし（どうしてだろう?）、「法院」も日本の裁判所記号と同じだ。これだけ日本の地形図記号と共通している凡例が世界のどこにあるだろうか。

さて、日本では外来語を安易にカタカナにしがちだが、台湾では外来の固有名詞など仕方ない場合以外はなんとか翻訳するのが普通だ。コンピュータの「電脳」は有名だが、漢字国ならではの傑作はいくらでもある。

地図で目立つものを挙げてみれば、たとえばガソリンスタンドなどは加油站（站は「馬継ぎ」「宿駅」の意）、高速道路（高速公路）のインターチェンジは「交流道」、などがある。

ただ、このように日本人でもスンナリ理解できる記号が並んでいるのはありがたいのだが、たとえば線路脇に「〇〇汽車修配」とあった場合に、そうか機関車の修繕をする場所か、と誤解してはいけない。汽車は中国語では自動車なのだから。それでもこの地図帳の冒頭に掲げてある次のような説明書きは、ほとんど意味がわかってしまう。

本図集以航測所五千分之一空照図為基礎、並遣派大批訓練有素的地図調会人員、進行地毯式踏査増修、所有資料均歴経数度実地校正、且為出版前三～六個月内的最新情報。

外国といえば、どうしてもアルファベットの国の方を向きがちだが、漢字という共通の言葉を使っている国の地図に注目すれば、もっと新しい世界が開けてくるかもしれない。

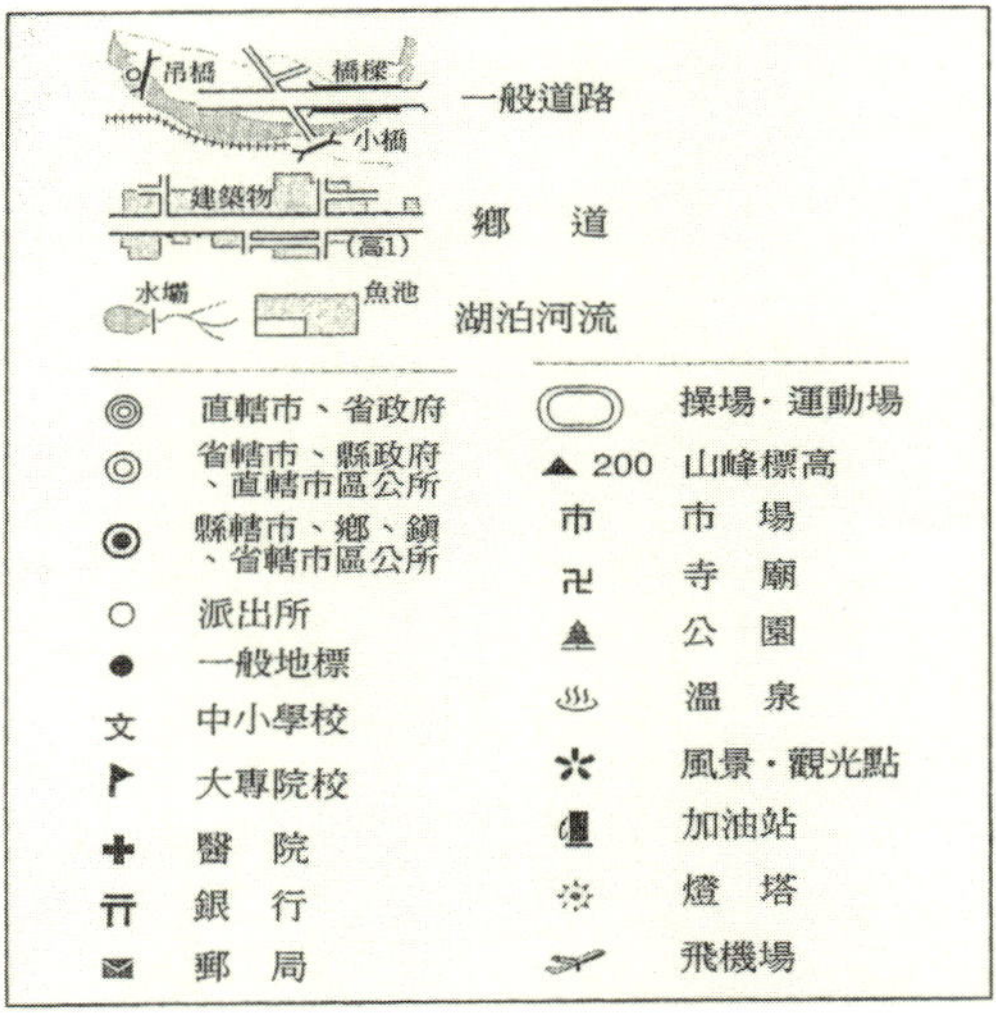

別の地図会社の記号凡例（『大台北県市郷鎮地図集』、大輿出版有限公司、2001）

日本では常識となっている郵便局マークなので、外国の街で郵便局を探すとき、つい〒記号を探してしまう人がいるそうだが、実はきわめて日本的な記号なのである。このように「日本の常識」が外国ではまったく通用しない例は他にいくらでもあるが、だからといって世界の主流に合わせようと、ポストホルンや角封筒型などに記号を変える必要はない。それに類する行為を「国際化」と勘違いしている人も見受けられるが……。

ハングルでなければ瓜二つ、韓国市街地図

ソウルの市街地図帳を入手した。縮尺は一万分の一と大きいので会社名や学校、マンションなど建物もかなり詳しく載っていて興味深い。それ以前に、地図帳のつくりが日本の市街地図帳にそっくりなのである。違うのは表紙に「理学博士・金〇〇編」という独特な権威付けがあることぐらいか。

そもそも日韓両国で使われている言葉には共通の漢字語が多く、もともと「日帝時代」にもたらされたものもたくさんある。音読みだから発音も似ていて、たとえば高速道路（コソクドロ）とか金曜日（キムヨイル）、市場（シジャン）、公園（コンウォン）、野球場（ヤグジャン）など耳で聞いても類推できるのではないだろうか。それほど漢字語が多いにもかかわらず、韓国の地図帳

ではほとんどハングル表記だったのでそれに気づきにくかった。
一見難しそうなので日本人の多くはハングルを欧文より敬遠しがちのようだが、規則性のある合理的な表音文字なので、少しがんばって覚えてしまえばたどたどしいながらも読めるようになる。すると韓国の地図は俄然面白い。

私はカタカナの振ってある旅行韓国語会話の本を声に出して斜め読みし、なんとなく漢字↓ハングルのパターンを覚えてから地図の表記を読んでみたが、不思議なほど意味がわかってきたものだ。

団地と思われる細長い平面形のビルの注記を読んでみると「キョンナム・アパート」とあった。アパートは日本で外来語を仮名書きにするのと同じ感覚だろう。棟番号は一、二、三またはA、B、Cなどが多いのは日本と共通で、その他にカ号棟、ナ号棟、タ号棟、ラ号棟……と並んでいるのもある。これは日本の「アイウエオ」にあたる「カナダラ」だ。

また、かなり郊外にもキリスト教（キョヒ）が多いのは、国民の三割がキリスト教徒であることを考えれば当然だろう。ちなみにホテルもそのまま「ホテル」と発音するからすぐわかるし、ソウルの都市部にあった「EUディービョーブ」とあるのはEUの代表部だろうと容易に察しがついた。

「ドン・ソウル・コントゥリークルプ」というのもあった。丘陵部が緑色に色づけされ、クラ

韓国の地図記号。1:10,000『最新版ソウル市街地図』(中央地図、2001) に一部加筆

ブを振っている人の記号だから読むまでもなくゴルフ場ということがわかるが、日本の「カントリークラブ」というカタカナ表記よりも原語に近い気がする。

それにしても欧米語の導入のしかたの思想がなんとも似ているので、改めて隣国としての親しみが湧いてくる。そんな似たもの同士だからこそ、一方では近親憎悪的なものも生じやすいのだろう。

住居表示にしても韓国の場合、欧米や南アジア、中国などのストリート方式ではなくて日本と同様の地番方式なので、地図の表現も必然的に似てくる。

日本統治時代に近代化が行なわれたからだろうが、例えば私が買った「中央地図」の会社所在地はソウル特別市鐘路（ジョンノ）区コンピョン洞125―1というのだが、洞は日本でいえば「町」にあたり、まさに市―区―町―地番という同じ構造だ。洞によっては一街（イルガ）または二街（イーガ）と日本の現在の「丁目」にあたる区分が行なわれているところが多いのもそっくり。

釜山の市街地図では「ハワイビーチホテル」というのを発見して胸が熱くなりそうになった。ソウルよりはずっと温暖な気候を「憧れのハワイ」になぞらえるような発想！　じつに日本人のメンタリティと共通しているではないか。

クルマ中心の「自由の国」アメリカの典型をカリフォルニアに見た

カリフォルニアの地図帳を入手した。スケッチブックのようなスパイラル方式（リング製本）で重量感があり、内容は豊富だ。パラパラとめくってみると、どこまでも延々と続くロサンゼルスの市街地には改めて驚かされる。

地形図ではないので住宅の密集度がどのくらいか判断できないが、山地以外は規格通りの碁盤目がどこまでも続いている。

その一辺は太めの道路が作る一辺半マイル（約八〇五メートル）で、例外はいくつもあるが細かい道路はそれをさらに八等分または一六等分した一一〇×二二〇ヤード（約一〇一×二〇一メートル）となっている。一マス半マイルの碁盤は目立つから図上に常に方眼が敷かれているようなもので、距離を算出するのは簡単だ。

ほう、これがハリウッド・フリーウェイか……などと追って行ったら、かの有名なドジャー・スタジアムにぶつかった。球場の大きさそのものは日本のとほぼ似たようなものらしいが、東京ドームやナゴヤドームと決定的に違うのは周囲に野球場の一〇倍はありそうな駐車場が広がっていることだ。それだけクルマ社会が徹底しているのが実感できる。

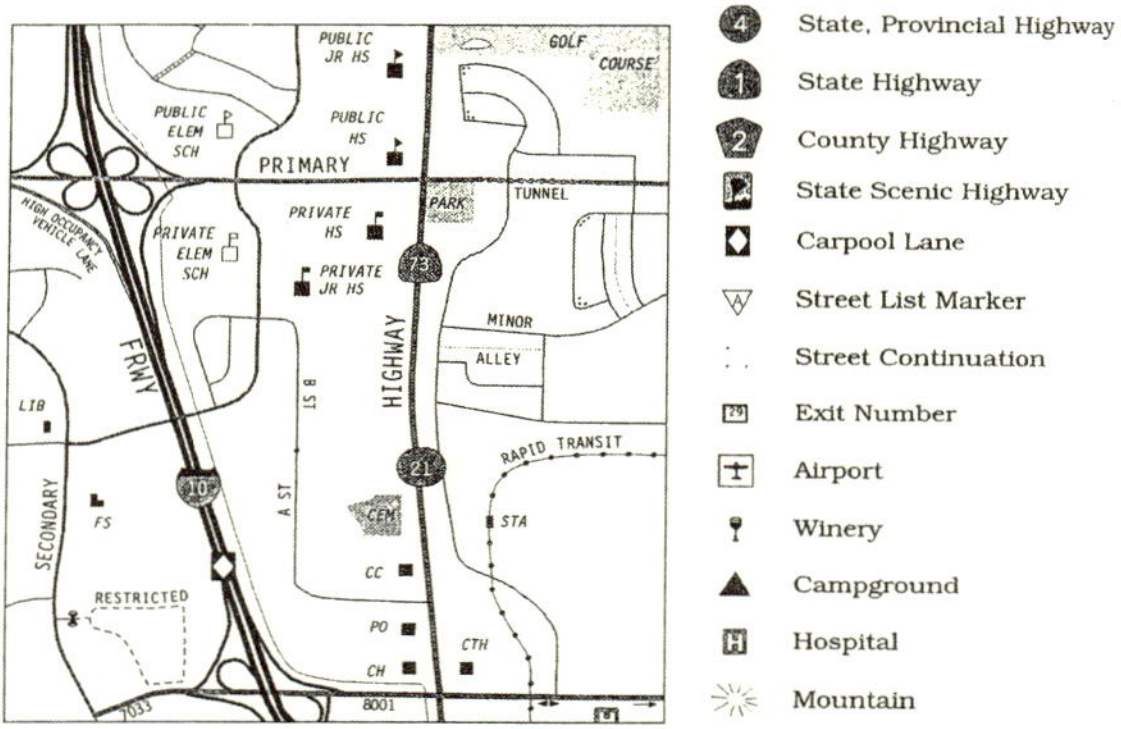

米カリフォルニア州地図帳の凡例より（California Road Atlas & Driver's Guide, Thomas Bros. Maps, Rand McNally Co., 2000）（70%縮小）

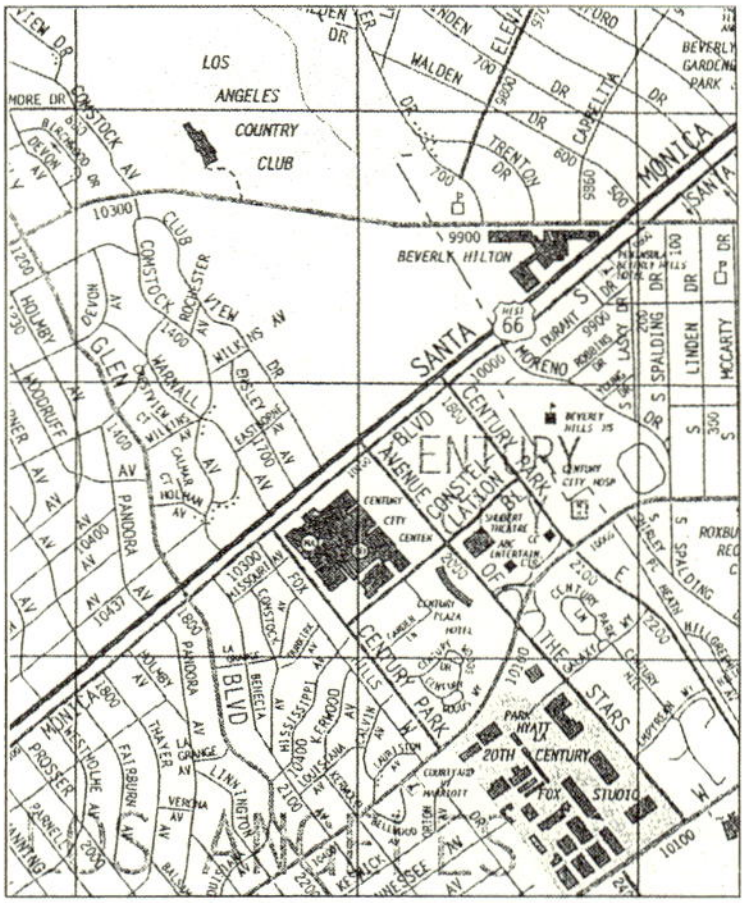

米ロサンゼルス市街。前出地図帳より（75%縮小）

野球場にこれだけの「附属地」が必要というのは、東京在住の私などにはおそろしいほどの非効率に映る。最寄りの駅、たとえば水道橋駅や後楽園駅の大混雑はあるとはいえ、周囲をぎっしり市街地に囲まれたスペースで、万単位の客をさばいてしまう日本の公共交通機関の実力を改めて感じた次第である。

それはさておき、ロサンゼルスの郊外をずっと眺めていくと高級住宅地・ビヴァリーヒルズに行き当たる。街路を地図で見ればここは碁盤目ではなく緩いカーブを描いた、いかにも高級住宅地然としたたたずまいだ。

しかもその街路の間隔は平均して一四〇×三五〇メートルほどと大きい区切りになっている。一軒ごとの家は描かれていないが、その街区の短辺の半分つまり七〇メートルを一辺とする敷地、四九〇〇平方メートル（約一五〇〇坪！）くらいの住宅が並んでいると考えるのが自然だ。

その少し南には「二〇世紀フォックス」の撮影所もあるが、少し離れたハリウッド北側のバーバンクにはユニバーサル・スタジオ、ワーナー・ブラザーズ、NBC、ディズニーなどの有名なスタジオが並んでいる。

このうち日本でも大阪に上陸して有名になったユニバーサル・スタジオはざっと一〇〇ヘクタール（一平方キロ）以上はあるだろう。さすが世界映画の都である。

そんな大都市の網の目を眺めていると、たまに破線の道路網が集中した地区がある。といっても徒歩道というわけではなく、それらの入り口には記号でゲートが描かれているのだ。これがそうか、と合点した。ゲーティッド・コミュニティである。

要するに、住宅地の入り口にゲートを設けて守衛を置き、怪しいヤツが入ってこないか四六時中見張っているというシステムで、治安の悪化に悩むアメリカの大都市近郊の住宅地では近年さかんに導入されているらしい。

安くない管理費はもちろんゲートの内側の住民が払うのだが、ゲートに守られている住宅地は不動産価値も高く、特に西海岸やフロリダの大都市近郊では増加しているという。貧富の差が大きなこの国にあって、このような動きは露骨な階層による棲み分けにつながるとの批判も一方ではあるようだが。

ふと別のページを見たら茶色く区別されたエリアが目に付いた。「インディアン保留地（indian reservation）」である。地図を子細に見ることは、そこに繰り広げられている、それぞれ問題点を抱えた社会を観察することでもある。地図は文字通り「社会の縮図」なのだ。

公共交通と自転車を最大限を最大限に活用する国の表情

オランダの市街地図は色使いの美しさで定評がある。ファルクとＣＩＴＯが代表的だが、両者とも土地利用によって地の色を変えている。

たとえば市街地はオレンジ、公共の建物は赤、工場用地は灰色、公園や森は緑、市民菜園はウグイス色（それだけさかんな証拠！）、競技場関係は黄緑（以上、ＣＩＴＯの場合）などとハッキリ色分けされており、しかもその配色は全体に暖かく統一された印象で色どうしが争っていない。

オランダ中部の都市ユトレヒトの市街図を観察してみた。この町はアムステルダムの南東四〇キロほどにある人口三二万（二〇一三年）ほどの古い都市だが、一六世紀後半にはオランダ独立運動の中心地となった。

この地図でまず印象的なのは、茶色の細い道があちこち縦横に通っていることだ。凡例を確かめると「自転車道」だという。それも歩道と兼用ではなく専用道路または専用レーンである。

実はオランダは世界に名だたる自転車王国だ。低地国で坂道が少ないこともあるが、これほど交通機関としての自転車を重視している国は他にないと言っていいほどであり、これはユトレヒトに限ったことではない。

町のあちこちにきれいな立体駐輪場が設けられ、市街地の短距離の移動には自転車が最も便利に機能するように都市が設計されているのだ。ただ邪魔者扱いをして放置自転車問題を放置する日本の自転車政策（もちろん自転車利用者のマナーも悪いのだが）とはまったく違う。

そんなわけで自転車道は官製の地形図にもちゃんと記されており、こちらは色ではなく自転車の側面をかたどった記号で示されている。地図をよく読めば、その国の方向性や文化などというものが浮かび上がってくるという一例かもしれない。

ついでながら、この国は路面電車も都市交通のカナメとして有効に活用している。日本のように邪魔者にせず、歩行者ゾーンに積極的に電車を入れることで、バリアフリーの乗り物としてその地位はずいぶん前から確立されている。

オランダの都市にインドネシアの地名？

ユトレヒトの市街図を眺めていて、中央駅の西側にロンボクという地区があるのに気づいた。もちろんインドネシアの島の名前と同じである。ロンボク島には一六七四年に東インド会社が進出して以来の関係があり、オランダは島を第二次世界大戦終結時まで長い間支配下に置いていた。

地名が偶然の一致でないことは、通りの名前を見ればわかる。たとえばスマトラ通り、ボルネオ通り、ジャワ通り、バリ通り、パレンバン通りなどインドネシアの地名を付けた通りがひしめいているのだ。その地名のとおりと言っていいのかどうか、この地区にはさまざまな人種の人たちが暮らしている。

ヨーロッパの通り名には他の国や都市、地域の名を付けることが少なくないが、アムステルダムの市街図を見ていたら、西港には枝分かれした碇泊地にそれぞれボスポラス港、ベーリング港、スエズ港などと名付けられており、その埠頭上の道路にはキプロス通り、コルシカ通り、サルデーニャ通り、マルタ通りなど地中海の島の名が与えられていた。

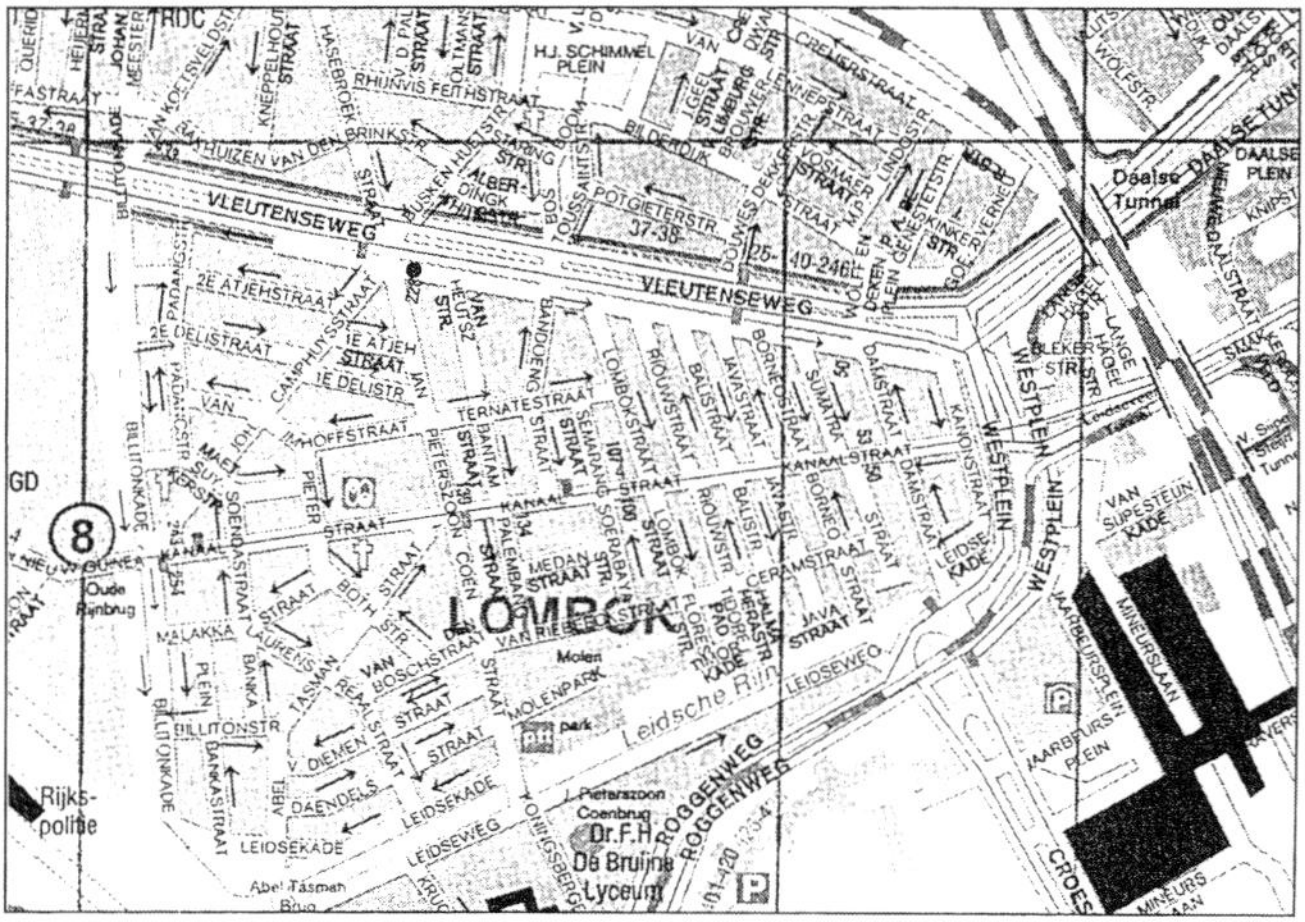

オランダ・ユトレヒト市のロンボク地区
（Utrecht, Suurland Falkplan BV, 1999）（88％縮小）

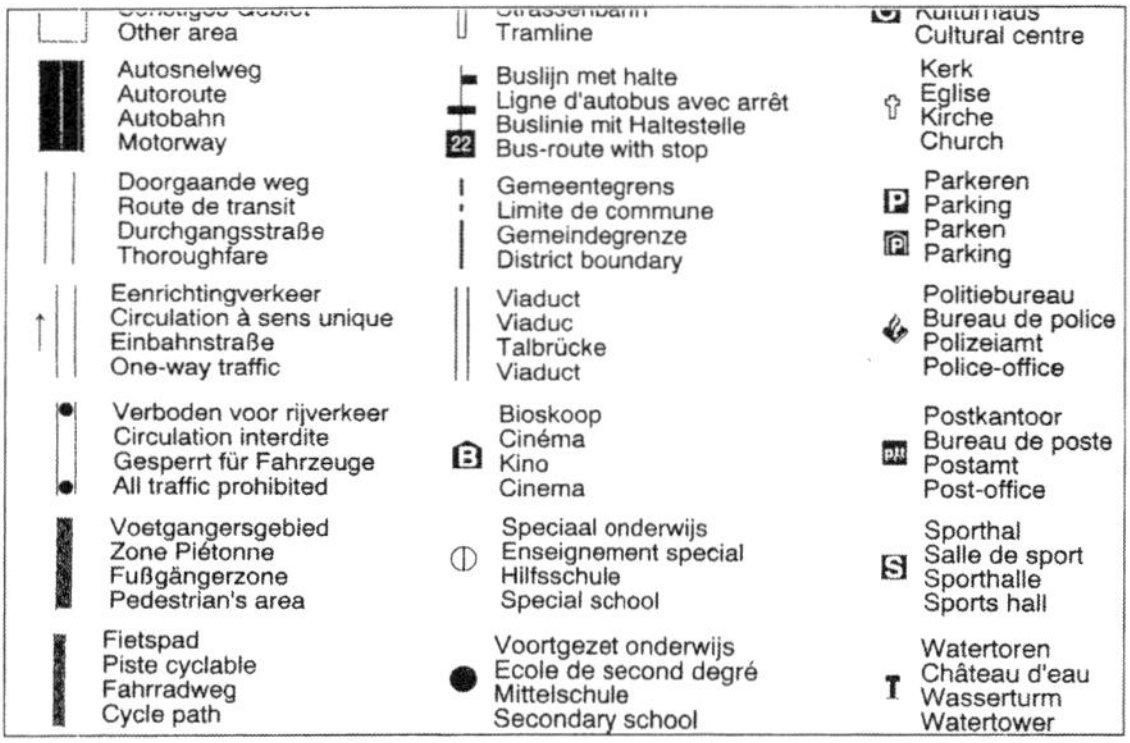

Other area	Tramline	Kulturhaus / Cultural centre
Autosnelweg / Autoroute / Autobahn / Motorway	Buslijn met halte / Ligne d'autobus avec arrêt / Buslinie mit Haltestelle / Bus-route with stop	Kerk / Eglise / Kirche / Church
Doorgaande weg / Route de transit / Durchgangsstraße / Thoroughfare	Gemeentegrens / Limite de commune / Gemeindegrenze / District boundary	Parkeren / Parking / Parken / Parking
Eenrichtingverkeer / Circulation à sens unique / Einbahnstraße / One-way traffic	Viaduct / Viaduc / Talbrücke / Viaduct	Politiebureau / Bureau de police / Polizeiamt / Police-office
Verboden voor rijverkeer / Circulation interdite / Gesperrt für Fahrzeuge / All traffic prohibited	Bioscoop / Cinéma / Kino / Cinema	Postkantoor / Bureau de poste / Postamt / Post-office
Voetgangersgebied / Zone Piétonne / Fußgängerzone / Pedestrian's area	Speciaal onderwijs / Enseignement special / Hilfsschule / Special school	Sporthal / Salle de sport / Sporthalle / Sports hall
Fietspad / Piste cyclable / Fahrradweg / Cycle path	Voortgezet onderwijs / Ecole de second degré / Mittelschule / Secondary school	Watertoren / Château d'eau / Wasserturm / Watertower

オランダ市街図（前出ユトレヒト市街図）の凡例は蘭仏独英の４言語併記となっている。

通りにはすべて名前がなければいけない、という事情があるから埋立地やニュータウンではどうしてもこんな調子の命名になるのだが、少なくともこんな命名感覚は日本にはなさそうだ。

さすがインド、観光地図は雨温図つき

インド政府の測量局では観光客を対象にした英語表記の市街地図を出している。ここではビハール州の首都であるパトナの市街図を取り上げよう。

この人口一六八万（二〇一一年）の大都市はガンジス川に面し、仏陀が菩提樹の下で悟りを開いたというブッダガヤの北一〇〇キロほどの所にある。紀元前五世紀に建設されたという筋金入りの古都で、四世紀にはグプタ王朝の首都にもなった。

インドの測量局は創立一七六七年（二五〇年の歴史！）という伝統を誇る役所だが、軍事的な理由から大縮尺の地形図は一般に公開していない。しかし市街図に関しては観光名所の写真が入った主に二万五千分の一のものを出していて、主要な都市をカバーしている。各都市ごとの歴史も短くまとめられており、欧米などからの観光客を意識したものであろう。

パトナ市街図を見ると、まず川幅が二～三キロにも及ぶガンジス川（ガンガー）の流れが図の上辺を占めており、図の中央東寄りには長大なマハトマ・ガンジー大橋が架かっている。その南側が市街だ。

記載されている通りの名前はごく主要なもののみに限られており、都心部を除いて地図の画面としては空いた印象だ。

ただ歴史的建造物や博物館、ホテルなどは図上に番号があり、欄外の索引を見る形式になっている。地図記号は種類が少ないが、宗教施設としてヒンドゥ教寺院（）、キリスト教会（）、モスク（）の三種類があり、この記号は隣のバングラデシュと同じ形だ。おそらく両者一体だったイギリスの植民地時代からの記号なのだろう。

地図の情報量そのものとしては少ないが、このシリーズの特徴は雨温図があることだ。つまり気温と降水量のグラフが欄外に印刷されており、各月の気温や降水量がどの程度かわかるようになっている。

たとえば最も暑さの厳しいのは五月で最低気温が二四度、最高気温は三七度にもなるが乾期なので降水量は約三〇ミリしかないこと、また八月は気温こそ二七～三二度と涼しめではあるが、雨期なので三〇〇ミリを超す降水量があるから旅行には不向きだろう、などなど計画の目安を立てるのに役立つ情報が得られるのである。

同じシリーズの地図によればムンバイ（旧ボンベイ）の七月は七〇〇ミリもの降水量があるそうだ（東京の六月、九月が約一八〇ミリ、高知の六月が約三六〇ミリ）。そんな情報を都市ごとに提供しているのは、気象条件の厳しい土地ならではの気配りといえるだろう。ちなみに、やはり国内に温帯、熱帯、砂漠までさまざまな気候区を擁するオーストラリアの官製地形図にも雨温

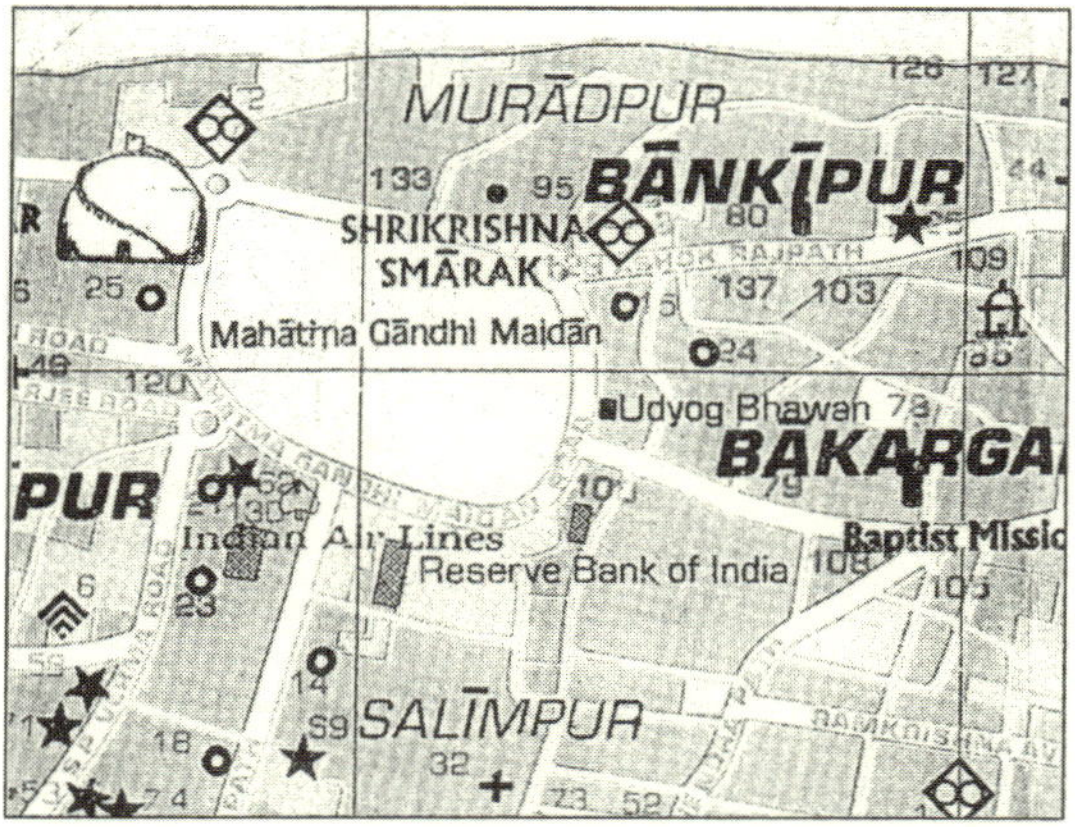

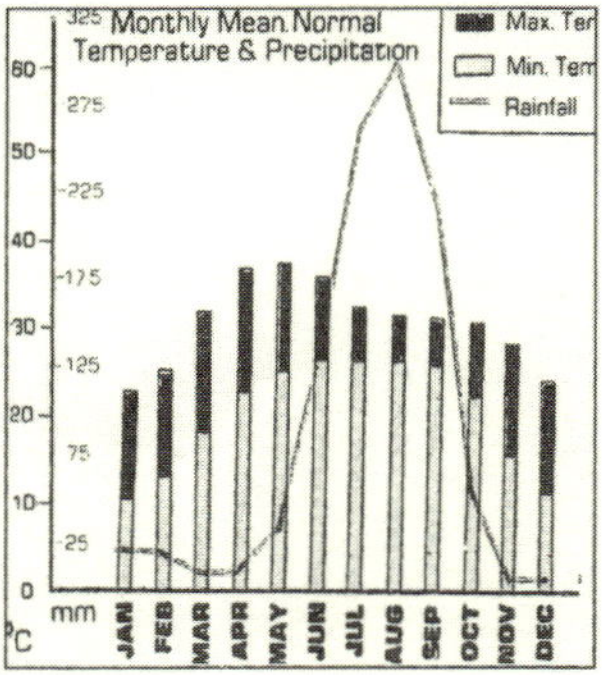

インド・パトナ市の官製観光地図（上）および雨温図（左）。棒グラフが気温（最高・最低）、折れ線が降水量を示す。

図がある。

クルマを適度に規制し、公共交通を生かした都市の知恵

メルボルンはシドニーに次ぐオーストラリア第二の都市であり、一八三五年に移民によって建設された比較的新しい都市である。メルボルンという地名は、その当時のイギリス首相の姓というから驚きだ。人口は約四二五万（二〇一二年）、「新首都」のキャンベラが完成して議会が開かれる一九二七年（昭和二）まで四半世紀間は仮首都でもあった。

「メルボルンの道」を意味するのであろうか、メルウェイという出版社の発行するメルボルン都市圏の詳細な市街図（基本縮尺一万及び二万分の一）は電話帳のような重さで七八〇余ページという大冊であるが、掲載内容とその見せ方のデザインは非常に工夫、洗練されており、市街図大賞などというのがあったとすれば、ぜひともこちらに、というほどの出来だ。

現物をカラーでお見せできないのが残念だが、まず色使いがいい。黒と赤の幹線道路とその他の茶色の道のコントラストがすっきりと見事で、特に黒い幹線道路が非常に引き締まった印象を与えている。それらの交差点には紫色の薄い円形が信号を示しているのがデザインとして秀逸だ。

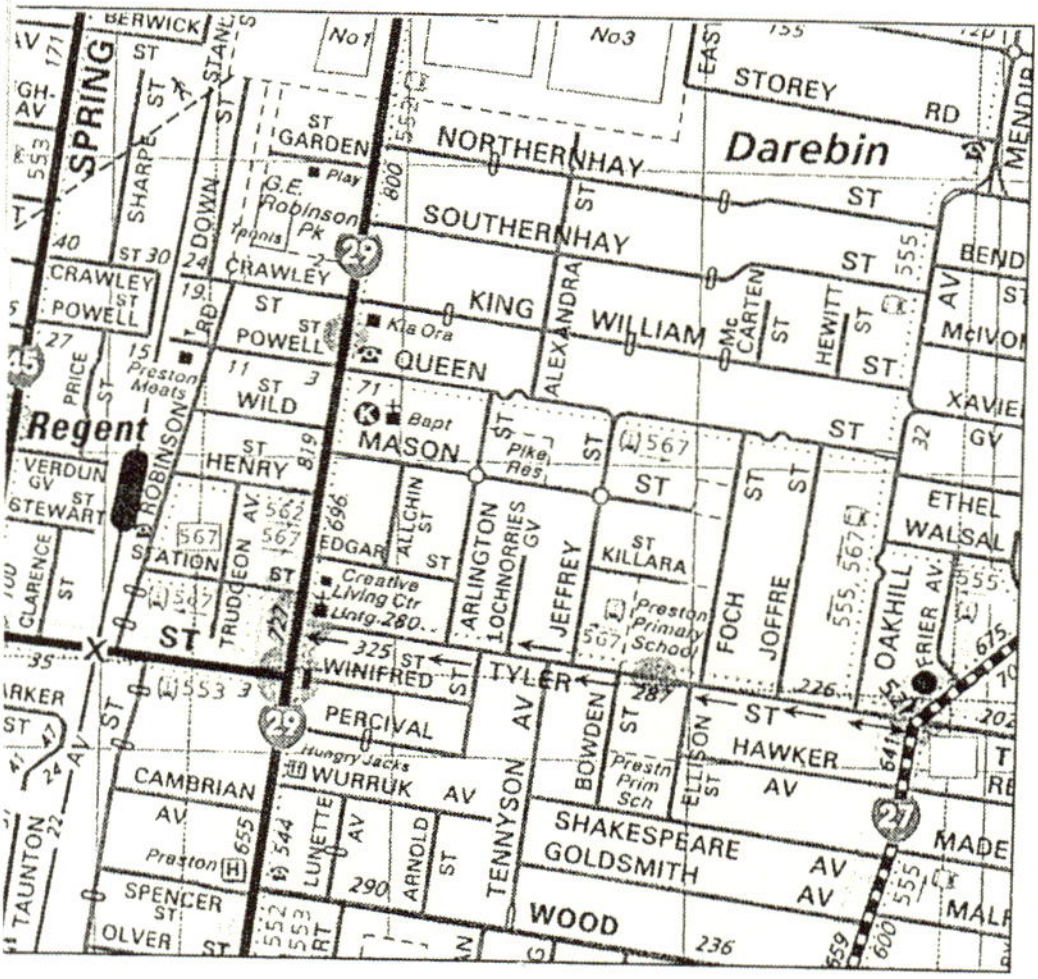

メルボルン市街図。

Greater Melbourne Street Directory, 28th Edition, Melway Publishing Pty. Ltd., 2000 より

住宅地で車の速度を下げる工夫

他に、グリッドで仕切られた各図の中に、必ずメルボルンの中心市街を示す矢印が「メルボルン→」のように印刷されているので、どの場所を開いても都心の方角が一目瞭然である。日本の地図も見習ってほしいところだ。

それから、これは優れた道路政策の反映という面があるが、特に住宅地などに設けられた自動車減速のための施設が地図のあちこちに目立つ。たとえば赤い長円が道路に示された地点には「スピードコントロールハンプ」があるが、これは学校の近くや病院、住宅地の中でクルマがスピードを上げすぎないように強制的に減速させる人為的な「段差」である。

ちょっと裏道へ入ると無数といっていいほどこれが多いのは、自動車が疾走すべき道路と、自動車に遠慮がちに走ってもらう道路を明確に分けた政策の徹底を表わしているといっていい。もう一つ、もともとは一直線の道路なのに途中を人為的に蛇行させられた「スローポイント」も、やはり自動車に遠慮してもらう方法の一つとして効果を上げているようだ。

巻頭には「モビリティ・マップ」が挿入されているが、これは車椅子など移動に支障のある人たちのために、都心部の歩道状況を一目でわかるように記載した地図で、沿道の関連施設も載っていて便利そうだ。この地図の存在そのものが「バリアフリー」の視点がこの街に根付いている証拠といえるだろう。

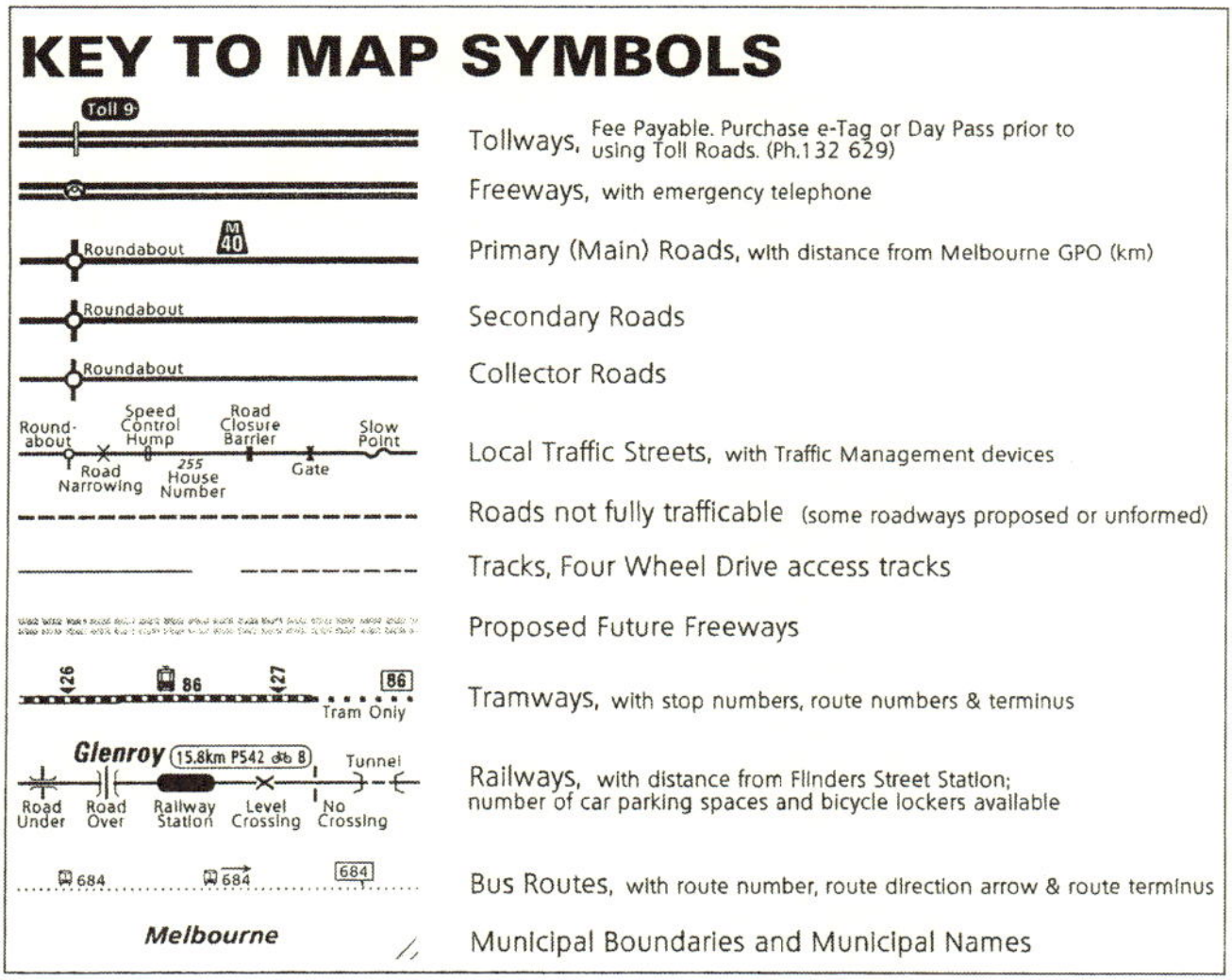
KEY TO MAP SYMBOLS
Toll 9
Tollways, Fee Payable. Purchase e-Tag or Day Pass prior to using Toll Roads. (Ph.132 629)
Freeways, with emergency telephone
Roundabout
M 40
Primary (Main) Roads, with distance from Melbourne GPO (km)
Roundabout
Secondary Roads
Roundabout
Collector Roads
Round-about
Speed Control Hump
Road Closure Barrier
Slow Point
Road Narrowing
255 House Number
Gate
Local Traffic Streets, with Traffic Management devices
Roads not fully trafficable (some roadways proposed or unformed)
Tracks, Four Wheel Drive access tracks
Proposed Future Freeways
126
86
127
86
Tram Only
Tramways, with stop numbers, route numbers & terminus
Glenroy
15.8km P542 8
Tunnel
Road Under
Road Over
Railway Station
Level Crossing
No Crossing
Railways, with distance from Flinders Street Station; number of car parking spaces and bicycle lockers available
684
684
684
Bus Routes, with route number, route direction arrow & route terminus
Melbourne
Municipal Boundaries and Municipal Names

メルボルン市街図（前出）の記号凡例より。
中ほどのTraffic Management devicesが自動車の速度を調整する仕組み。

鉄道や駅に関する情報も充実している。たとえば駅が赤く目立つようにしてあるのは日本の民間の地図でもおなじみだが、これに都心の駅からの距離が示されており、併せて駅前に設置された「パーク&ライド」の自動車及び自転車の収容台数が表示されているのは行き届いた配慮だ。

また、これはイギリスでもよく使われている方式だが、踏切に×印を付けて目立たせている。日本を含むたいていの国では鉄道記号と道路記号をただ交差させているだけなので印象が薄いが、この×印なら場所の目印としてもいいし、注意を喚起する意味でも優れた記号といえるだろう。また鉄道をくぐる低いガード(四・三メートル以下)にも丸印が付けられ、桁下の高さが明記されている、寸法の明示はフランスのミシュラン社のガイドマップなどでも以前から採用済みだ。

縮尺の大きな市街地図からは、その地の都市計画や交通政策をも読みとることができ、また同時に、その出版社が「使いやすい地図」「美しい地図」をどのように追及しているかという地図観までが読みとれるのである。

縮尺と距離感覚

地図に縮尺はつきものだ。たとえば「五万分の一」なら、長さを五万分の一に縮めて表わしたという意味であり、したがって面積は二五億分の一になる。ふつうは「1:50,000」と表現し、たいてい図上で実際の距離がどのくらいになるか物差しが印刷してある(この物差しのことをスケールバーなどという)。

四八ページの図1は国土地理院の二万五千分の一地形図に印刷された縮尺表示部分であるが、全長八センチすなわち二〇〇〇メートル分のスケールバーが印刷されている。細かい目盛りは一ミリだから二五メートルだ。日本は明治時代からメートル法を導入しているので明治の地形図にもやはり同様のスケールバーがあるが、当時は世間で尺貫法の方が一般的に通用していたため、図2のように地形図の下端にキロメートルと同時に里や町の表示もバーの下側の目盛りで示されているのがわかる。ちなみに一町は六〇間で約一〇九メートル、一里は三六町で約三九二七メートルである。

このような例はマイルを常用しているアメリカでも見られる。マイル・ヤード・ポンド法の故郷イギリスでさえEU(ヨーロッパ連合)の仲間たちと一緒に行動するためメートル法を導入して久しいが(それでも庶民のレベルでは完全に移行していない)、アメリカは相変わらずマイル一本槍という印象がある。しかしほとんどの国が採用する国際標準のメートルを記載しないわけにいかないので、仕方なく両者併記しているというのがアメリカの地図界の実態のようだ。

ところで、アメリカの地形図の縮尺は二万四千分の一である。世界のスタンダードは日本やヨーロッパを含めほとんど二万五千分の一が主流であるのになぜなのだろうか。これは実は二〇〇〇フィートを一インチで表現する縮尺、という意味があるためだ。つまり一二インチ=一フィート

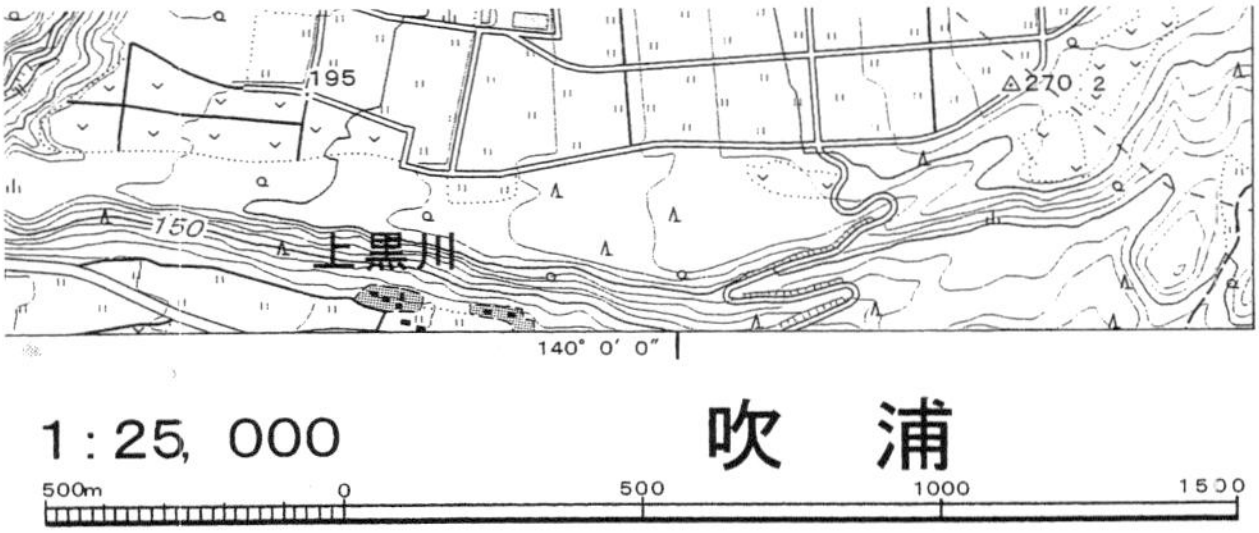

図１　現代の１：25,000 地形図の縮尺表示部分

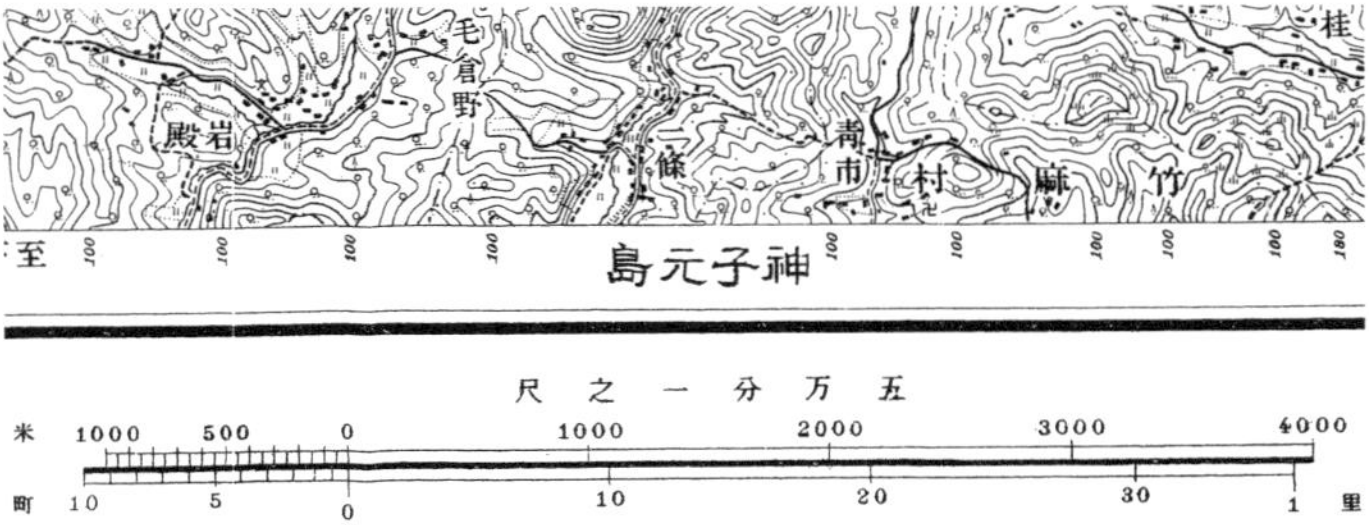

図２　明治期の１：50,000 地形図の縮尺表示部分（80％縮小）

なので、一二×二〇〇〇＝二四〇〇〇ということである。ちなみにアメリカの地形図では高さはすべてフィート表示だ。飛行機の世界ではメートル法を採用している国であってもすべて距離はマイル（ただし海里＝一八五二メートルで、陸のマイル＝約一六〇九メートルとは異なる）、高度はフィートと決まっている。「マイレージ・サービス」などが日本でも一般的となったが、日本の飛行機でも「本日の区間マイルは〇〇マイルです」などとアナウンスされ、どうも実感が湧かない人は少なくないだろう。ちなみに航空業界でのマイルは陸のマイルではなく、海里（一海里＝一八五二メートル）を意味している。

現在のイギリスの地形図はメートル法になっているが、マイルが正式に使われていた七〇年代までは、現在の五万分の一にあたる地形図は六万三三六〇分の一という一見半端な縮尺が用いられていた。それより小さい縮尺は一〇万ではなく一二万六七二〇分の一である。これは何かといえば「一マイルが一インチで表現される縮尺（後者は二マイル＝一インチ）」ということで、つまりこういうことだ。

一フィート＝一二インチ
一ヤード＝三フィート（三六インチ）
一チェーン＝二二ヤード（七九二インチ）
一マイル＝八〇チェーン＝一七六〇ヤード（六三三六〇インチ）

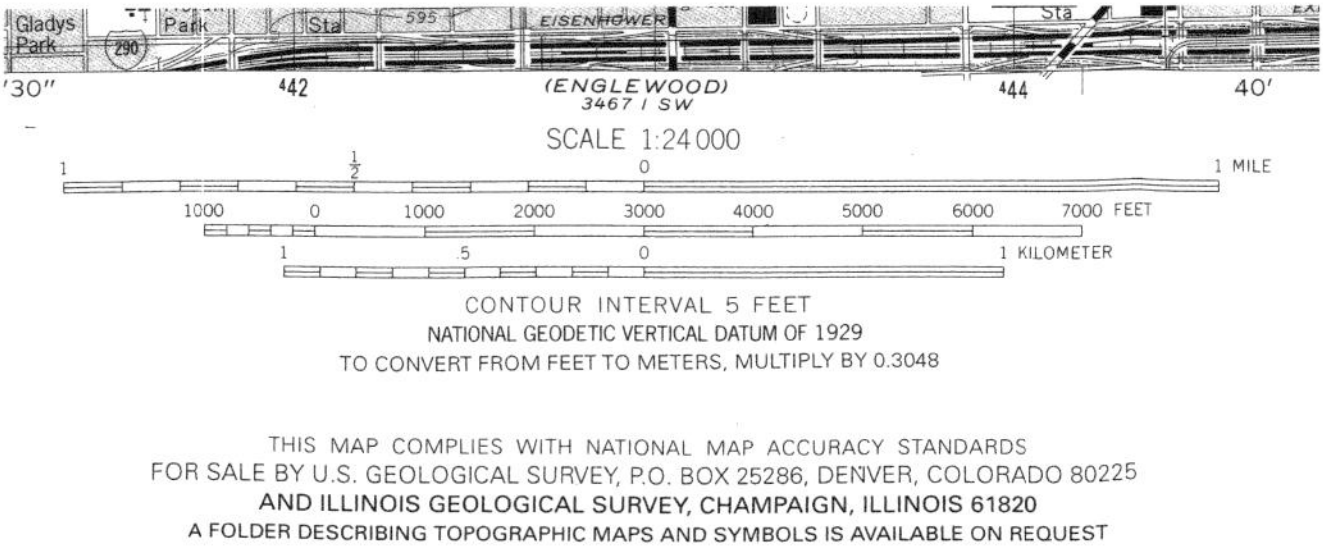

図３　アメリカの１：24,000 地形図の縮尺表示部分（57％縮小）

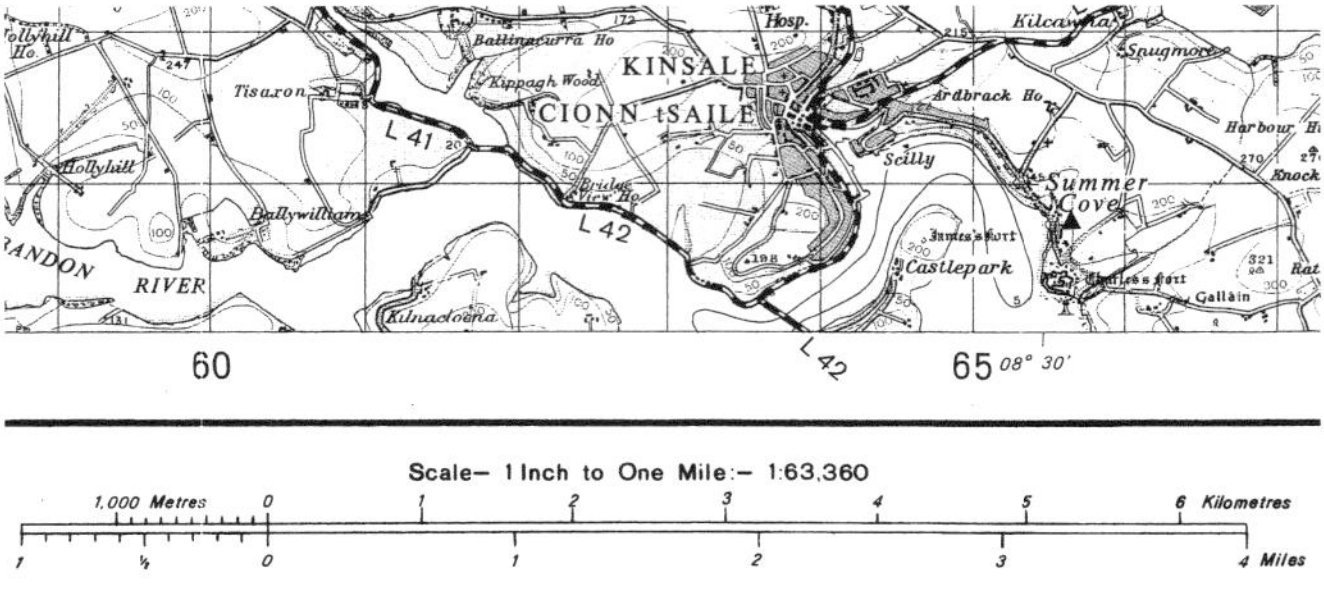

図４　イギリスより後まで残ったアイルランドの１：63,360 地形図
（64％縮小）

地球一周の長さをまず四万キロとして人工的に割り出されたメートル法と違って、一〇進法でないため半端な数値となってしまうのだが、使う方からすれば図上の一インチが現実の一マイルに相当するというのは便利なのだろう。この規格は一八〇一年以来イギリスの地形図のスタンダードであったが、一九六〇年代からメートル法が順次適用されていくなかで、一九七〇年代後半にはその地位を「五万分の一」に譲った。それでも今なおマイルの方がピンと来る住人が多いこの国では、スケールバーにもマイルとヤードが併記されている。

ところで、「世界で最も長く平和な国境」でアメリカと接するカナダはメートル法を採用しているが、「保守的な隣人」に配慮してマイルの物差しを併記している（五三ページ図5）。おまけにご丁寧にも図の上・左・右の三辺に「メートル法」(metric/métrique) としつこく明記してある。やはり基本図なので、国境をまたいだ地域で緊急を要する時など、距離や高度を見誤ってしまうと大変な事態になりかねない、という配慮なのだろう。ついでながらここで英仏二言語が印刷されているというのもカナダの地図の特徴で、国民の四分の一がフランス語を話す国ならではの配慮である。もちろん縮尺だけでなく記号や図法などの説明も英仏完全併記だ。

ヨーロッパの大陸ではずっと昔からメートル法が普及しているので、スケールバーもおおむねメートルだけの表記であるが、戦前のドイツの地形図には「歩」（Schritt）が併記されていた（五三ページ図6）。一〇〇〇歩＝八〇〇メートルの割合で目盛りが記されているから、一歩＝八〇センチという計算だ。日本人的な感覚だとだいぶ大股である。私の持っている地形図は一九三九年発行の二万五千分の一の復刻版だが、ナチスがワンダーフォーゲル運動を国民の健康増進策として大々的に進めていた時期だから、あるいはそれと関係があるのだろうか。もちろん、ワンダーフォーゲル自体はずっと以前から行なわれているので、地形図の「歩数」もそれ以前からのものかもしれないが。ちなみに、江戸後期の地図製作者として有名な伊能忠敬は測量の際に歩測をよく使った。正確に歩幅を揃える技術がないとできないワザだが、その一歩は二尺三寸（六九・七センチ）であったという。

縮尺というのは、一マイル＝一インチのようなものは別として、地図を使い慣れた人でないと距離感をつかみにくいものだが、私が使っている簡単な方法をお伝えしておこう。左手の人差し指と中指を広げてVサインをすると私の場合ちょうど一〇センチなので、これは五万分の一地形図なら五キロ、一〇〇万分の一の地図帳なら一〇〇キロ、二〇〇〇万分の一の世界地図なら二〇〇〇キロにあたる。手の大きさは個人差があるのでVサインでなくてもいいのだが、ちょうど一〇センチの部分を探して試していただきたい。図上の距離を概算するのに威力を発揮するはずだ。

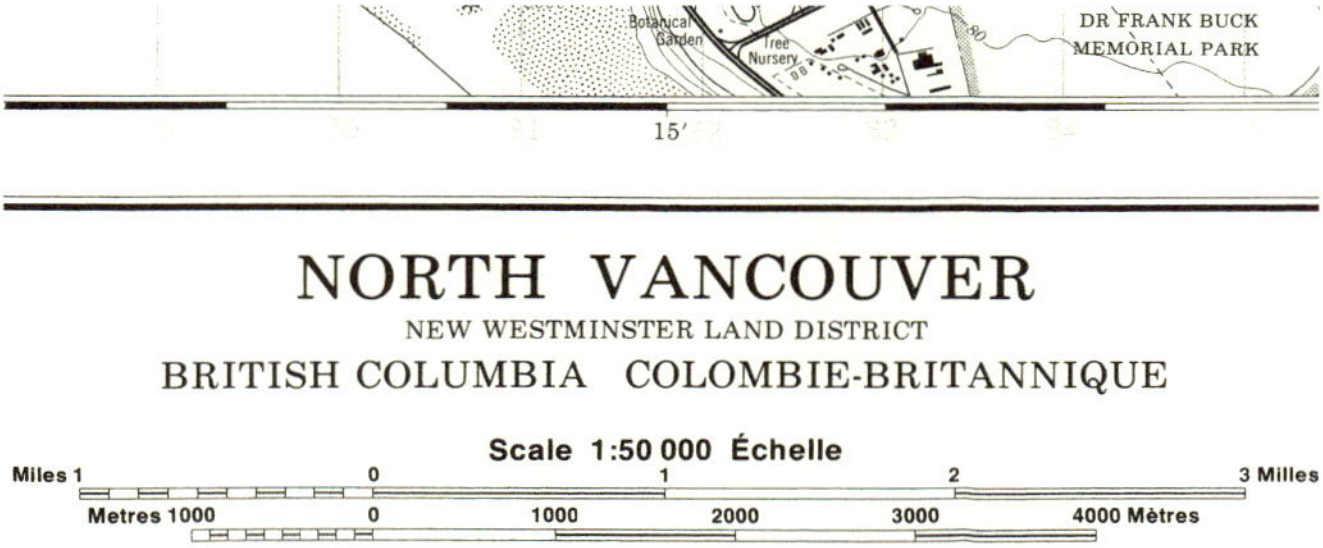

図５　カナダ１：50,000 地形図のスケールバー（60％縮小）

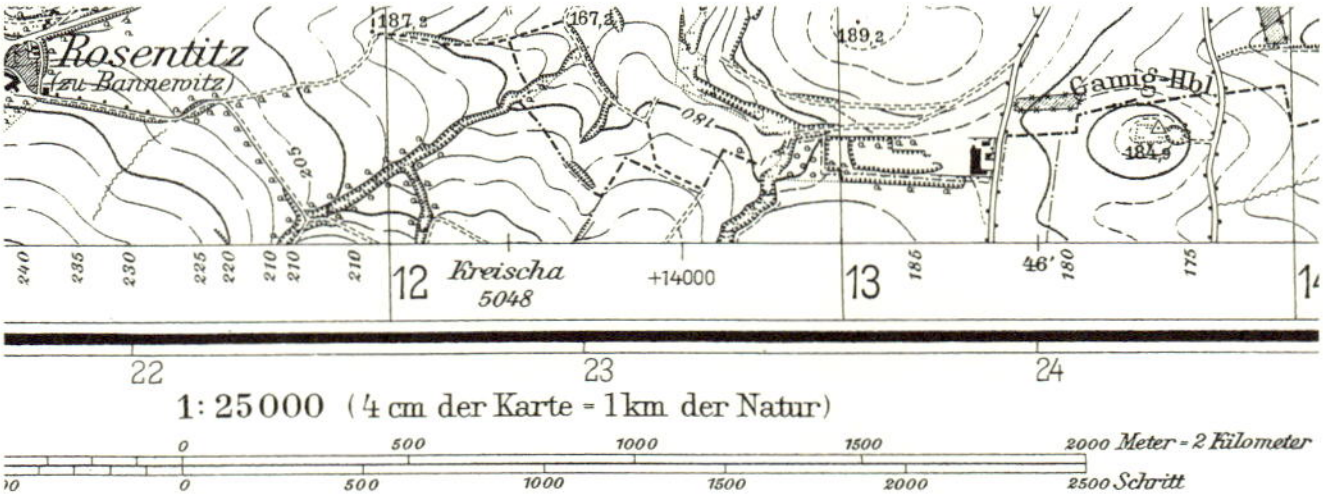

図６　戦前のドイツ１：25,000 地形図の「歩数」併記のスケールバー（75％縮小）

一筋縄でいかない外国地名の表記

ナイチンゲール（一八二〇〜一九一〇）はクリミア戦争時の野戦病院の衛生管理に尽力し、また統計学者としても知られている。彼女の名、フローレンスは出生地にちなむもので、両親の新婚旅行中（といっても一年以上の長い旅行！）に、イタリアのフィレンツェで生まれた。フローレンスは英国流の呼び名であるが、Firenze と Florence ではスペルもずいぶんと違う。もともと古代ローマ人が「花の女神＝フローラ」にちなんでフローレンティアと名付けた土地で、長い間にそれが訛ったようだ。イギリスではこれを旧称に近く発音しているということなのだろう。ちなみにドイツ人はこの都市をフロレンツというが、やはり旧称がもとになっているようだ。

ドイツといえば、南部のバイエルン州の都、ミュンヘンが英語ではミューニック（バイエルンの州名もバヴァリアとなる）と呼ばれ、イタリアではモナコという。南仏コートダジュールの小国家モナコと同じになってしまうではないかと思うが、イタリアの地図帳で両者を比較してみると、ミュンヘンのスペルは Mónaco だ（モナコは Monaco）。なぜモナコかといえば、ミュンヘンの旧称はムニヘンで、元をたどれば「修道士の村」を示すヴィラ・モナクス（ラテン語）だった。イタリア語でモナコは修道士の意味なので、同名になってしまったのだろう。だからイタリア人がドイツのミュンヘンを指すときはモナコ・ディ・バヴィエラ（バイエルンのモナコ）などと区別することもあるという。

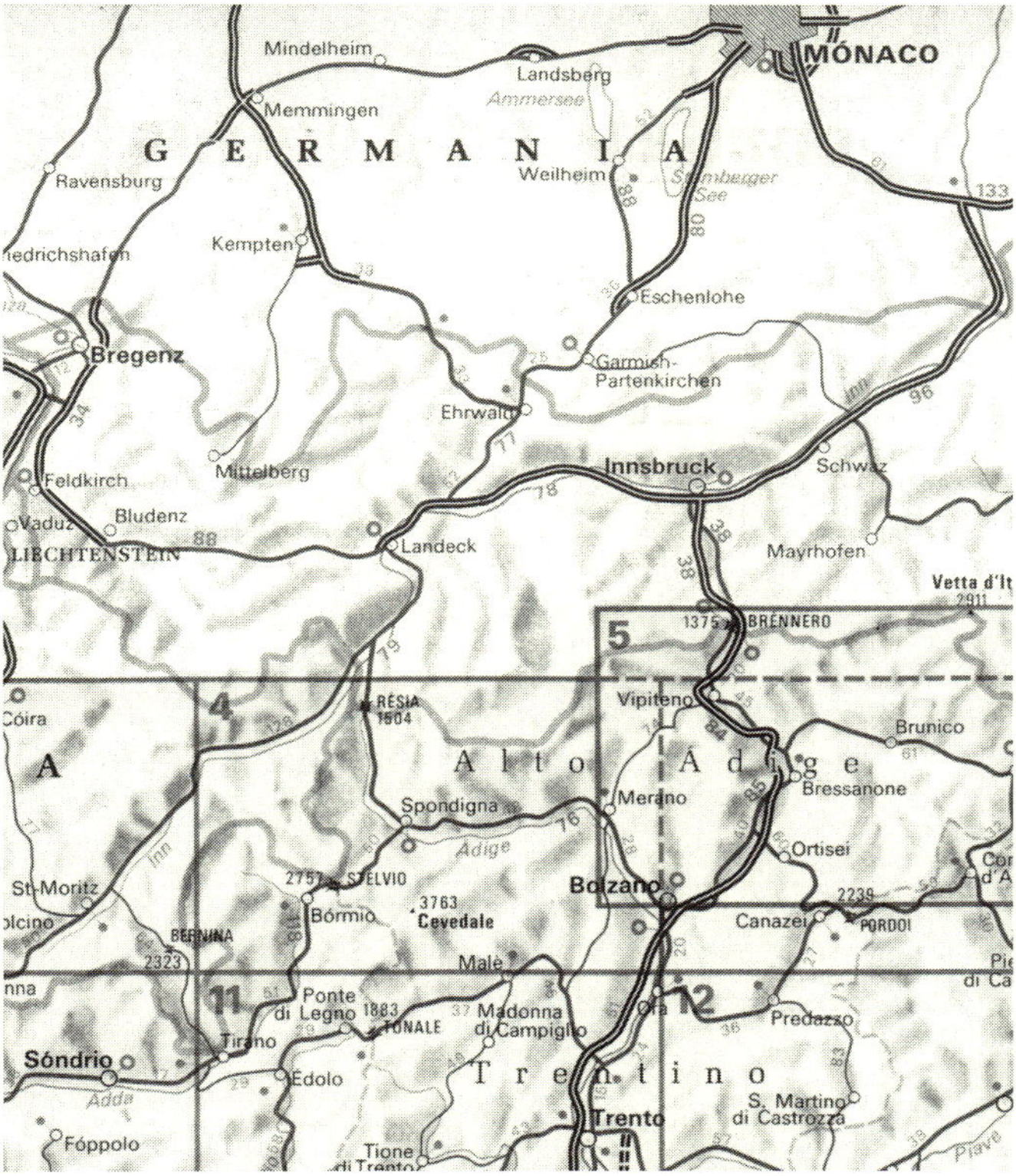

右上の Mónaco はミュンヘンを意味する。
Touring Club Italiano 1：200,000「イタリア道路地図帳」索引図
（87％縮小）

外国語は多少の差はあれ発音しにくいから、つい自分の慣れ親しんだ同じ語源のコトバに置き換えてしまったり、自己流の発音に直してしまったりするのは自然な流れだろう。日本人が中国の地名や人名を発音する時に、現地読みではなく日本語の音読みで発音するのが身近な例である。重慶をチョンチンではなく「じゅうけい」、景徳鎮をチントーチェンではなく、「けいとくちん」と言う。ただし台北や上海、青島などは現地読みするのが普通だから、一貫しているわけではない。また、韓国の人名・地名は以前はたとえば金大中を「きんだいちゅう」、仁川を「じんせん」と発音するなど音読みが主流だったが、現在はキム・デジュン、インチョンと現地音に近く読むようになってきた。ただ国名は「テーハミングッ」ではなく従来通り日本読みの「だいかんみんこく」ではあるが。

そのあたりが一貫していないのは欧米も同じで、ヴェネツィアをヴェニスと呼ぶ英語圏の人でも、その近くのポルテグランディ（大きな門）という小さな村の名は、英語訛りはあってもそのまま発音するだろう。ビッグゲイツなどとわざわざ英語流に変えたりはしない。

つまり、知名度の高い、使用頻度の高い地名ほど自己流に読まれやすいということだ。これは当然のことで、頻出する外国地名を現地音に忠実に発音せず誰かが楽な言い方をはじめると、それに多くの人が追随して広まっていくのだろう。お互いの言語の基礎にラテン語や漢字など共通したものがあれば規則的な言い換えもできるだろうが、言語的に離れている場合は、発音しにくい子音の順番を変え、母音を省略することもしばしばだ。

インド西部のグジャラート州にヴァドーダラ（Vadodara）という大都市があるが、英国読みではバローダ（Baroda）といった。VがBに転じ、R音が後ろから前に移動してしまったわけだ。ずいぶんといい加減なことをするものだが、植民地の地名だから現地の固有名詞に敬意を払わなくていいという気分が背景にあったのかもしれない。イタリアのピサの近くにリヴォルノという港町がある（画家モディリアーニの出身地）。これは植民地ではないが、この都市名もイギリス人にかかるとレグホンになってしまう。有名な卵用鶏の白色レグホン発祥の地であるが、Livorno がどうして Leghorn に変わったのだろう。

似たような例としては北海道のアイヌ語起源の地名も、かなり多くが「和人」に発音しやすいように変化させられている。たとえば十勝の中心都市の帯広もそうで、オペレペレケプ（河口が幾筋にも裂けている川の意）が「おびひろ」に変えられたし、留萌は明治期にはこの字（留萠）でルルモッペと読ませていた。アイヌ語で「潮が静かに入る川」、つまり満潮時に海水が内陸部まで入ってくる潮入川（具体的には留萌川）を意味しているのだが、言いにくいので徐々に変化して「るもい」に至ったという。

変化の過程を想像してみると、まずルルモッペ（原音）が旧仮名でルルモへ（半濁点なし）などと書かれ、これが旧仮名の読みと漢字に引きずられてルルモエと発音されるようになり、言いにくいルルの二重が単独になり、ルモエ→ルモイとなったのではないか。

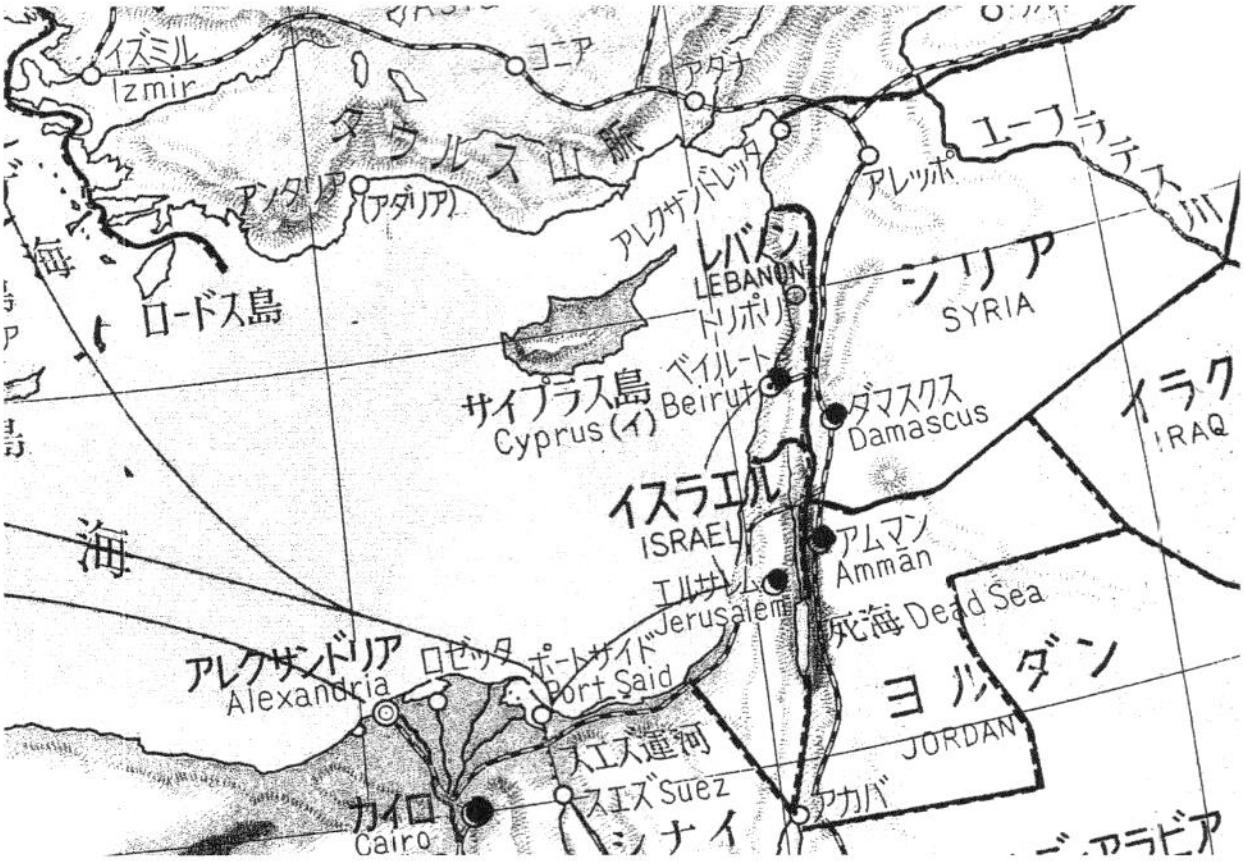

図１　サイプラス島と表記するキプロス島。
昭和 30 年発行の『高等地図』（日本書院）（90％縮小）

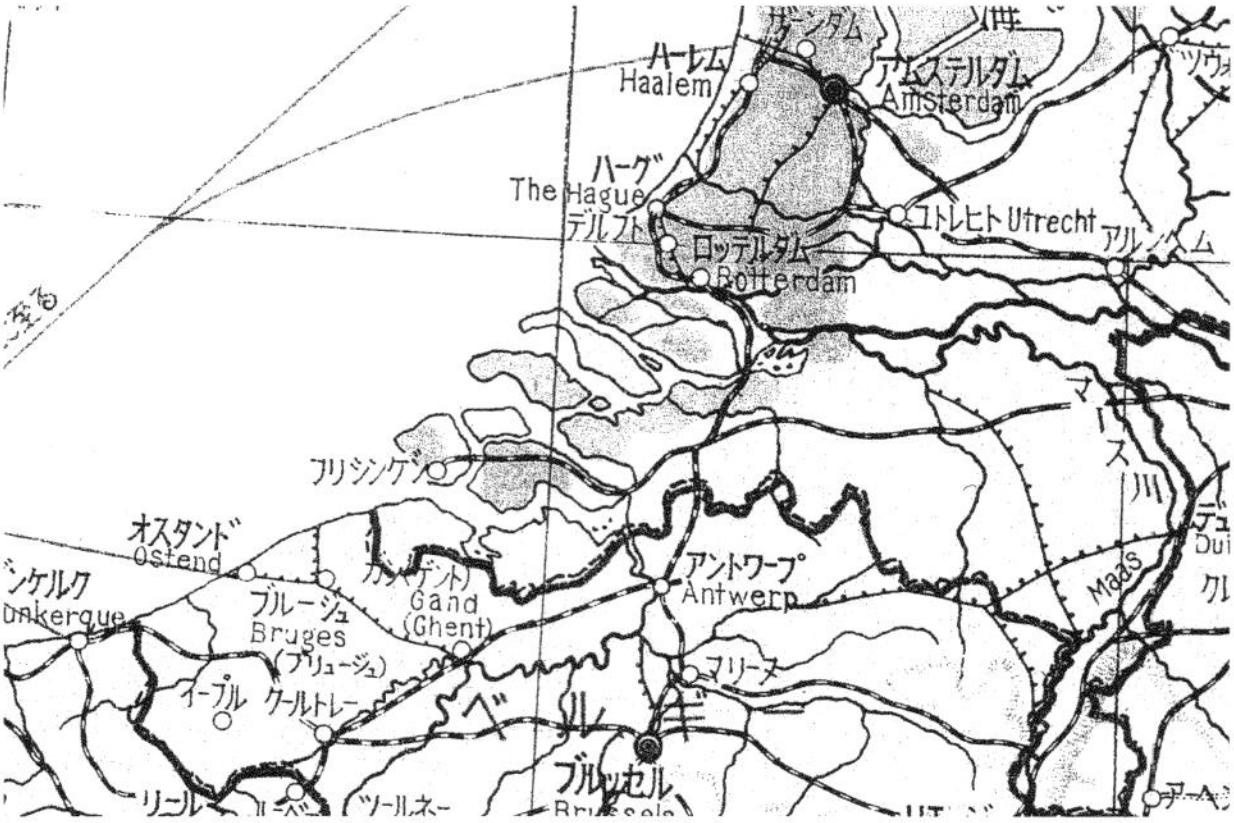

図２　アントワープも英語表記（同上）

外国地名の話に戻るが、昔の学校用地図帳を見ると、現在よりも英語読みが採用されているケースが多かったようだ。たとえば五八ページ図1の昭和三〇年発行の『高等地図』（日本書院）を見ると、地中海の東部に「サイプラス島」が浮かんでいる。当時は英国領であったが、これはキプロスのことである。ベルギーには「アントワープ」の地名が見えるが（図2）、現在の地図帳、たとえば二宮書店の地図帳『詳解現代地図』ではアントウェルペン（アンヴェルス）となっている。カッコ内はフランス語（ワロン語）の呼称で、この都市がある北部ではオランダ語（フラマン語）が使われているためアントウェルペンと書かれ、蘭仏二言語が用いられているベルギーゆえにアンヴェルスの仏語表記も示されているのだろう。

六〇ページの昭和九年発行の『新選詳図　世界之部』（帝国書院）を見ると、さらに英語流が目立つ。モスクワはモスコー、ワルシャワはワルソー、ジェノヴァはジェノア、ナポリはネープルス、ミラノもミランなどと表記されていた。おまけに国名にもカッコ書きで仏蘭西、伊太利、白耳義、羅馬尼（フランス、イタリア、ベルギー、ルーマニア）などとある。考えてみるとこの漢字表記も日本人にとっては便利で、「米軍基地」「駐英大使」「日独伊三国同盟」のように一文字だけで各国のイメージに直結し、スペースを節約できる。

最近では各国の文化を尊重する立場から現地呼称優先の気運が高まっており、さすがにネープ

昭和９年発行の『新選詳図　世界之部』（復刻版）©帝国書院
（81％縮小）

ルスなどは見かけなくなった。中国の地名も学校地図帳ではだいぶ以前からチョンチン（重慶）、チントーチェン（景徳鎮）の表記ではあるが、一般には現地読みはまだ認識されていないことが多い。人名もシー・ジンピンさんでは誰のことだかわからず、「しゅう・きんぺい」（習近平）の音でようやく中国の国家主席とわかる状態だ。しかも英文で中国関係の記事を読む場合など**Xi Jinping**がこの人と直結しにくいので、欧米人と日本人が会話する際に障害となる場面もあるだろう。

現地呼称優先は原則としては世界中の流れであり、尊重すべきことであろうが、各国にはそれぞれ長年の慣習があり、また日本ではどのようにカタカナ表記するか——たとえばロサンゼルスかロスアンジェルスか、のような問題もあるので、そう簡単ではなさそうだ。

column

明治の地図記号

古書店でいつものように戦前の地形図の山を漁っていたら、『地形圖之讀方』というパンフレットを見つけた。大正四年（一九一五）に出た本文五二ページの和綴本で、発行者は小林又七。麴町隼町で軍関係の書籍を扱う出版社（川流堂）を営んでおり、現在の国土地理院の前身である陸軍陸地測量部の地形図も販売していた。巻末の出版物案内には『陸軍服装全書』『陸軍省編纂馬事提要』などその筋の本が並んでいる。

『地形圖之讀方』は、文字通り地形図の読み方を一般向けにわかりやすく解説した本で、緒言には「地形図ヲ一瞥シテ恰《あたか》モ実地ニ於テ地形ヲ観察スルカ如キ直覚的感能ヲ得セシメンカ為ニ平易ニ簡略ニ其読解ヲ説明ス」（漢字は新字に改めた）とある。ここに取り上げられたのは「明治四二年図式」なので、記号は現在までに変わったものや統廃合を経たものも多く、現行の記号などと比べてみるとなかなか興味深い。

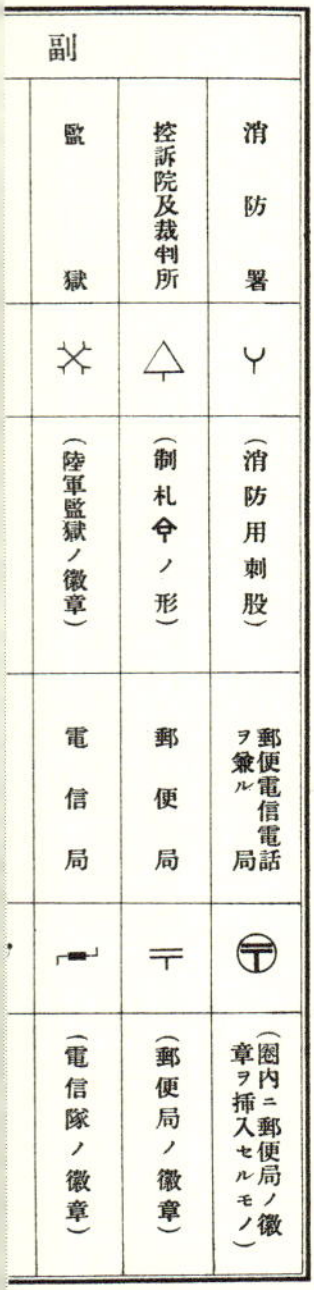

副
消防署
（消防用刺股）
控訴院及裁判所
（制札令ノ形）
監獄
（陸軍監獄ノ徽章）
郵便電信電話ヲ兼ル局
（圏内ニ郵便局ノ徽章ヲ挿入セルモノ）
郵便局
（郵便局ノ徽章）
電信局
（電信隊ノ徽章）

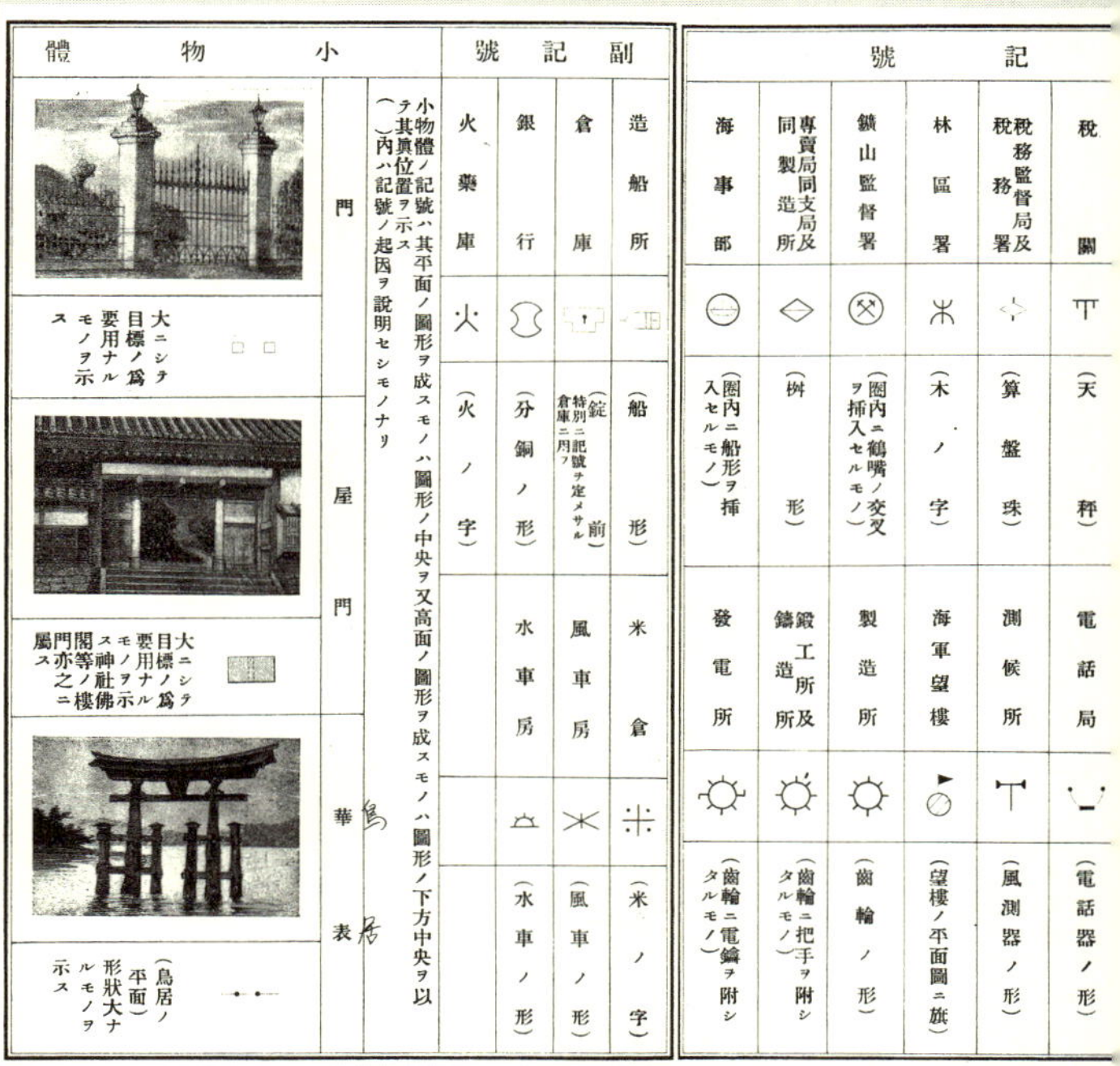

記號			
税關	（天秤）	電話局	（電話器ノ形）
税務監督局及税務署	（算盤珠）	測候所	（風測器ノ形）
林區署	（木ノ字）	海軍望樓	（望樓ノ平面圖ニ旗）
鑛山監督署	（圏内ニ鶴嘴ノ交叉ヲ挿入セルモノ）	製造所	（齒輪ノ形）
專賣局同支局及同製造所	（枡形）	鍛工所及鑄造所	（齒輪ニ把手ヲ附シタルモノ）
海事部	（圏内ニ船形ヲ挿入セルモノ）	發電所	（齒輪ニ電鑰ヲ附シタルモノ）

副記號			
造船所	（船形）	米倉	（米ノ字）
倉庫	（錠前）特別ニ記號ヲ定メサル倉庫ニ用フ	風車房	（風車ノ形）
銀行	（分銅ノ形）	水車房	（水車ノ形）
火藥庫	（火ノ字）		

小物體

小物體ノ記號ハ其平面ノ圖形ヲ成スモノハ圖形ノ中央ヲ又高面ノ圖形ヲ成スモノハ圖形ノ下方中央ヲ以テ其眞位置ヲ示ス
（ ）内ハ記號ノ起因ヲ説明セシモノナリ

門	大ニシテ目標ノ爲要用ナルモノヲ示ス
屋門	大ニシテ目標ノ爲要用ナルモノヲ示ス神社佛閣ノ樓門等亦之ニ屬ス
華表（鳥居）	（鳥居ノ平面）形状大ナルモノヲ示ス

『地形圖之讀方』（45％縮小）より

前ページの図は『地形圖之讀方』の抜粋であるが、ここには記号の由来が簡単に説明されていて覚えやすい。まず右上の消防署。これは現在も同じ記号が使われているが、消防用刺又の形を簡略化している。近代的消防技術のなかった江戸時代、延焼防止のため家を取り壊すために使われた道具である。ほとんど死滅した道具かと思いきや、学校に不審者が侵入したときのための道具として、最近になってよく売れているようだが。

次の裁判所記号も現役だが、これも江戸期の制札から来ている。町の中心のいわゆる札ノ辻に「右の者市中引き回しの上死罪」といった判決文が掲げられた、あの札である。次の監獄の記号は今はない。監獄が刑務所と改められてからも使われていたが、昭和四〇年図式で廃止され、以後は「〇〇刑務所」と字で表わされるようになった。これが「陸軍監獄の徽章」とは知らなかったが、地形図記号の変遷を詳細に網羅した『地図記号のうつりかわり』（地図センター刊）には「刑務所の平面形」とあるので、その平面形を陸軍が徽章に採用したのだろうか。

ソロバン玉を模した税務署は現役の記号だが、天秤をかたどった税関、それに枡の形の専売局は今はない。塩とタバコの専売であるが、枡は「塩を量る」イメージだろう。タバコの方は昔「タバコの葉」型の記号も存在した。この枡型記号はその後専売公社の記号として残り、瀬戸内海沿岸の赤穂や坂出あたりの塩田地帯には必ずこの記号が見られたものだが、塩田の記号もろとも廃止されてすでに久しい。

下段の記号もおよそ半分が廃止されている。電話局の記号が「電話器ノ形」とあるが、今の電話からは想像がつかない形をしていたようだ。その後は電信局と合併され、戦後は電電公社の記号で親しまれてきたが、NTT発足で廃止されている。ビルの上に鉄塔のあるアンテナは目標になる建物記号だったのだが、一民間企業となったからには記号廃止も仕方なかったのだろうか。

左端の「小物體（体）」の欄には記号と実物のイラストが対照されており、これが何ページも続いている。最初に門・屋門・鳥居の記号が取り上げられているが、残念ながらこれらの記号はいずれも廃止された。門の記号は刑務所や工場など長い塀をもつ施設の門や広大な屋敷などに使われていたが、一万分の一など大縮尺の都市部の旧版図を見る際、明治大正期の景観を想像するのに大変役立つ。また、鳥居の記号は神社記号があればそれで十分という観点で廃止されたのだろうが、街道から大きな神社に至る参道の入口に設けられた「一の鳥居」など、神社から離れた場所の大鳥居などにも使われており、これは良い目印になる記号だっただけに、なくしてしまったのは惜しまれる。

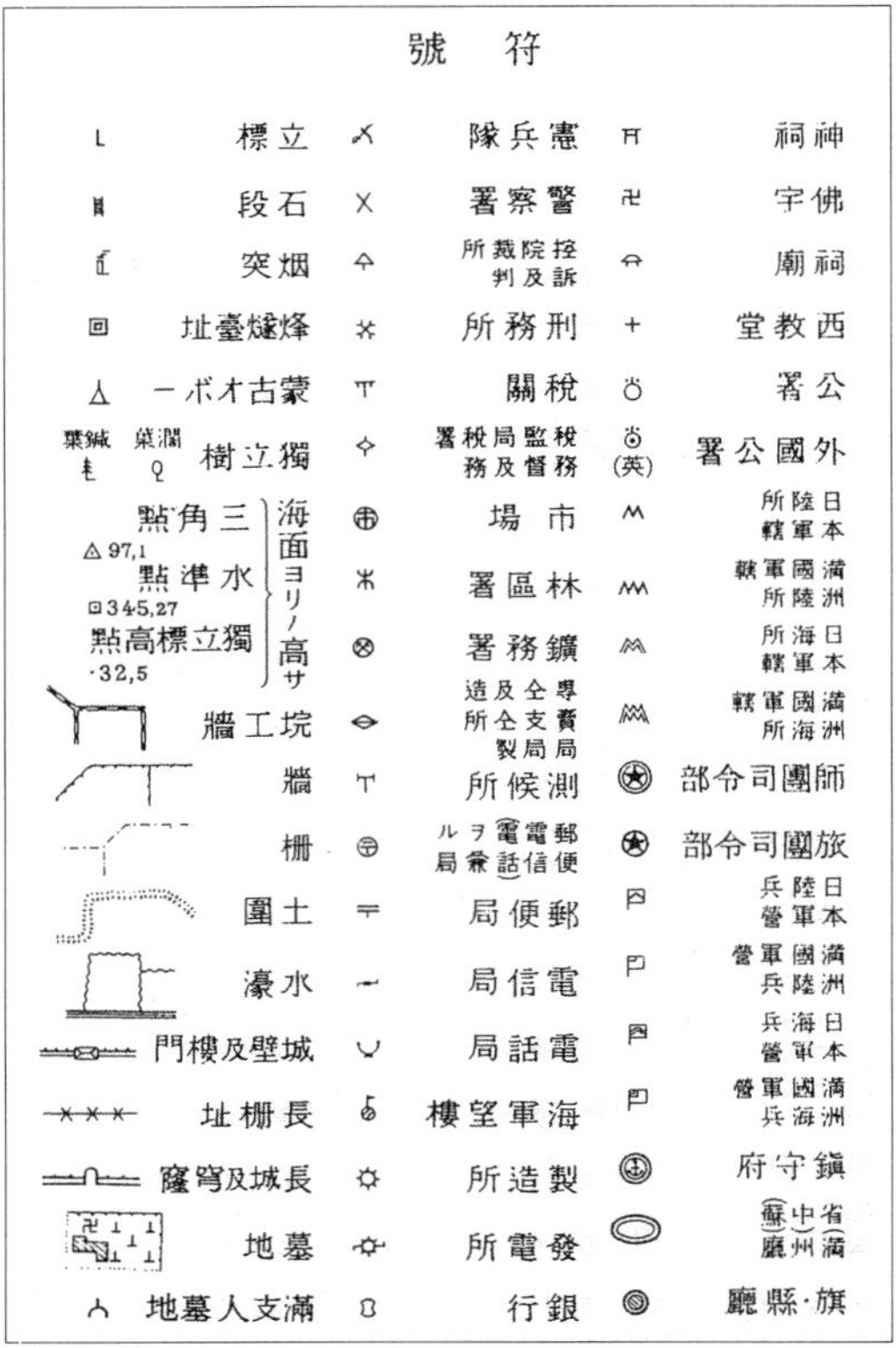

旧「満洲」の地形図には独自の記号が使われていた。「満洲国の地形図」なのに軍関係の記号はすべて日本軍が上になっている
満洲国治安部発行 1：50,000 凡例

2 地図でたどる一本道

地図で旧道を見つけるには

平成一九年（二〇〇七）四月一日、拙宅の近くに「日野《ひの》バイパス」が全線開通した。多摩川を渡る石田大橋が開通するまでは区画整理地を通る幅広いローカル道路にすぎなかったのに、たちまち交通量が激増し、それらのクルマをアテにしたコンビニや外食チェーンが見る間に進出、典型的な国道バイパス風景がここにも誕生したのである。

これは全国各地で日常的に起きていることだが、新道が開通すると従来の国道は「旧道」となる。当地でも日野バイパスの開通で日野宿を通る国道二〇号、甲州街道は「都道」に所属替えとなった。いわば最新の旧道だが、もっと古い旧道もある。たとえば多摩川に日野橋が架けられた大正一五年まで「日野の渡し」の渡船場を結んでいた旧道。それから各地に残る拡幅時に道をまっすぐにした際に残った端切れのような道。

いずれも旧道である。さらに時代を遡れば多摩川の渡船は江戸初期には少し下流にあったたし、もっと昔は奥多摩から大菩薩へ抜けるなど大幅にルートが異なったという。全国各地にある旧道も多少の差はあれ、いくつもの時代の旧道が積み重なっている。

次の図は静岡市の西部、東海道・宇津《うつ》ノ谷《や》峠の付近である。五十三次の宿場でいえば丸子《まりこ》と岡部の間で、丸子宿の「とろろ汁」は有名だ。松尾芭蕉も「梅わかな丸子の宿のとろろ汁」と詠み、その句碑がその名物を出す丁字屋の横に立っている。ここは箱根には及ばないが東海道の難所のひとつであり、江戸より以前の旧道についてだが、平安時代の『伊勢物語』では、「行き行きて駿河の国にいたりぬ。宇津の山にいたりて、わが入らむとする道はいと暗う細きに、つたかえでは茂り物心ぼそく」と峠の細道が描写されている。

江戸時代の峠は、豊臣秀吉が小田原攻めの際に大軍を通せるよう、業平《なりひら》の歩いた旧道（通称・蔦の細道）の西側に整備した道で、これが地図上「宇津ノ谷峠」の字のすぐ右を通る破線の道（徒歩道）だ。その峠の部分に明治に入って初代・宇津ノ谷トンネルが掘られた。当初は「宇津ノ谷洞道」と呼ばれ、明治九年に開通している。全長は二〇七メートル、幅三・三メートル、レンガが丁寧に積まれた重厚な隧道《ずいどう》（明治三七年改修）は今も遊歩道として通り抜けられるが、当時は通行料金を徴収していた。東海道本線が開通するのが明治二二年（一八八九）だから、それまでは結構な収益が上がったという。

時代は下り、大正時代になると交通の近代化も進み、天下の東海道ゆえ自動車も通るようになった。そこで新たに掘られたのが図上もっとも西側のトンネルである。大正時代に工事が始まった

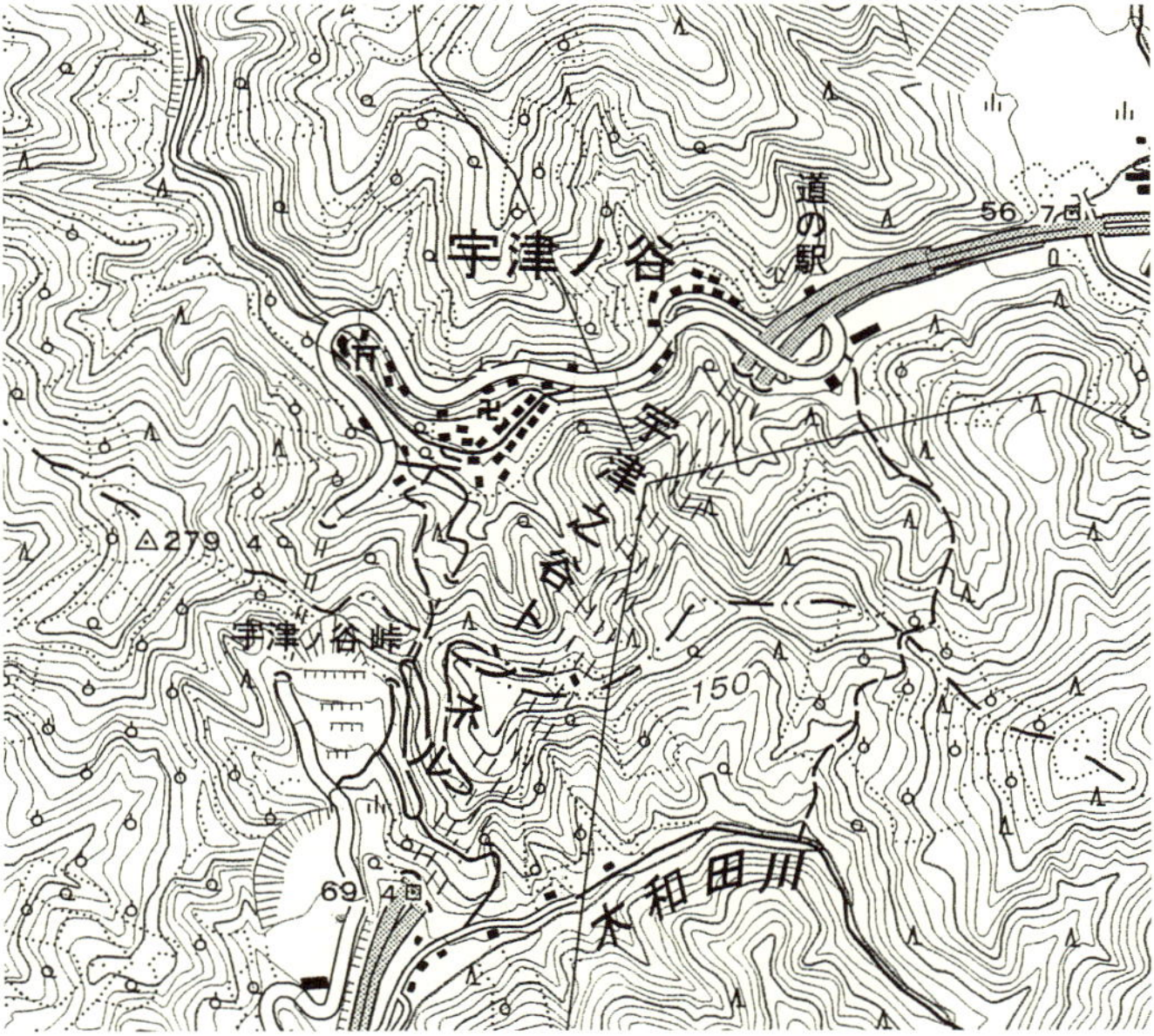

1：25,000「静岡西部」平成 17 年更新（135%拡大）

ので「大正トンネル」と呼ばれているが、完成は昭和五年（一九三〇）。そして上下別々のもっとも長いトンネルのうち、左側（上り線）が昭和三四年完成の「昭和トンネル」である。高度経済成長の黎明期、自動車の台数が爆発的に増える兆しが見えはじめた時代だ。そして右側が平成七年（一九九五）完成の「平成トンネル」。これによりこの区間の国道一号が四車線化されている。もちろんこの間に東名高速道路の開通があり、海寄りの日本坂トンネルをくぐるルートが「主役」になった。宇津ノ谷峠では現在、江戸の峠道、明治・大正・昭和・平成のトンネルいずれも現役だが、廃道にならずこれだけ揃っているのは珍しい。当然ながら時代が下るにつれてトンネルは長くなり、その前後の勾配は緩くなっている。

さて、平地の旧道はどうなっているだろうか。もちろん道により時代によりさまざまだが、市街地に埋没してしまうと旧道を読み取るのがむずかしい。ここでヒントになるのが水準点だ（⊡印）。明治時代から地形図の整備がはじめられた際、高さの基準として全国の主要街道におよそ二キロ間隔で水準点が設置された。その後改廃も行なわれているが、新ルートが開通するたびに水準点をすべて付け替えるわけにもいかないので、今なお旧道に設置された水準点は多く、これをたどることで旧道（主に明治大正期）が推定できるという寸法だ。水準点以外のポイントを挙げてみると、まずは定規で引いた線とは異なる自然なカーブがあり、集落が道に沿って線状に発達していることが多いこと、必然的に神社仏閣が集まり、古くからの小学校や記念碑、駐在所などの記号が集中していることなどだ。それでも確実を期すためには旧版図を各地の図書館や国土地理院の各地方測量局などで閲覧するなどして確認する必要があるが。

旧道といっても古代にまで遡るとまた表情が違う。七二ページに載っている図1は古代官道である（矢印のルート）。さすがに一〇〇〇年以上の時を超えて現在まで明瞭に残っている官道は多くはないが、京都伏見区の南西部に残る古代山陽道の跡、久《こ》我畷《がなわて》がそのひとつだ。京都から山崎まで南西へ一直線に結ぶ道で、途切れたり細くなったりしているが、直線は明瞭だ。古代官道は一直線の区間が多く、最近では各地で研究や発掘などによりルートが徐々に明らかになっており、それを実際に歩いてみると、古代人がここを歩いたのか、という感慨が新たになる。

一直線といえば「本家」は古代ローマ帝国の街道だろう。図2はローマの南東であるが、山裾を迂回もせずに一直線に突き進んでいることがわかる。これがもっとも有名なアッピア街道（旧道）であるが、これらローマ街道の幹線は、谷に立派な石造りの橋を架けて急勾配を抑え、何層にも小石・大石・粘土などを敷き詰め、土の溜まる隙間もないほどにぴったり並べられた敷石で仕上げられた立派なハイウェイだった。歩道と車道は明瞭に区別され、辺境で非常事態が発生すればローマの軍隊はこの高速道路の上を駆けつけたのである。この立派すぎるほど立派な、幹線だけで八万キロ、実に地球二周に及ぶという路線網は二〇〇〇年以上も昔に完成していた。たと

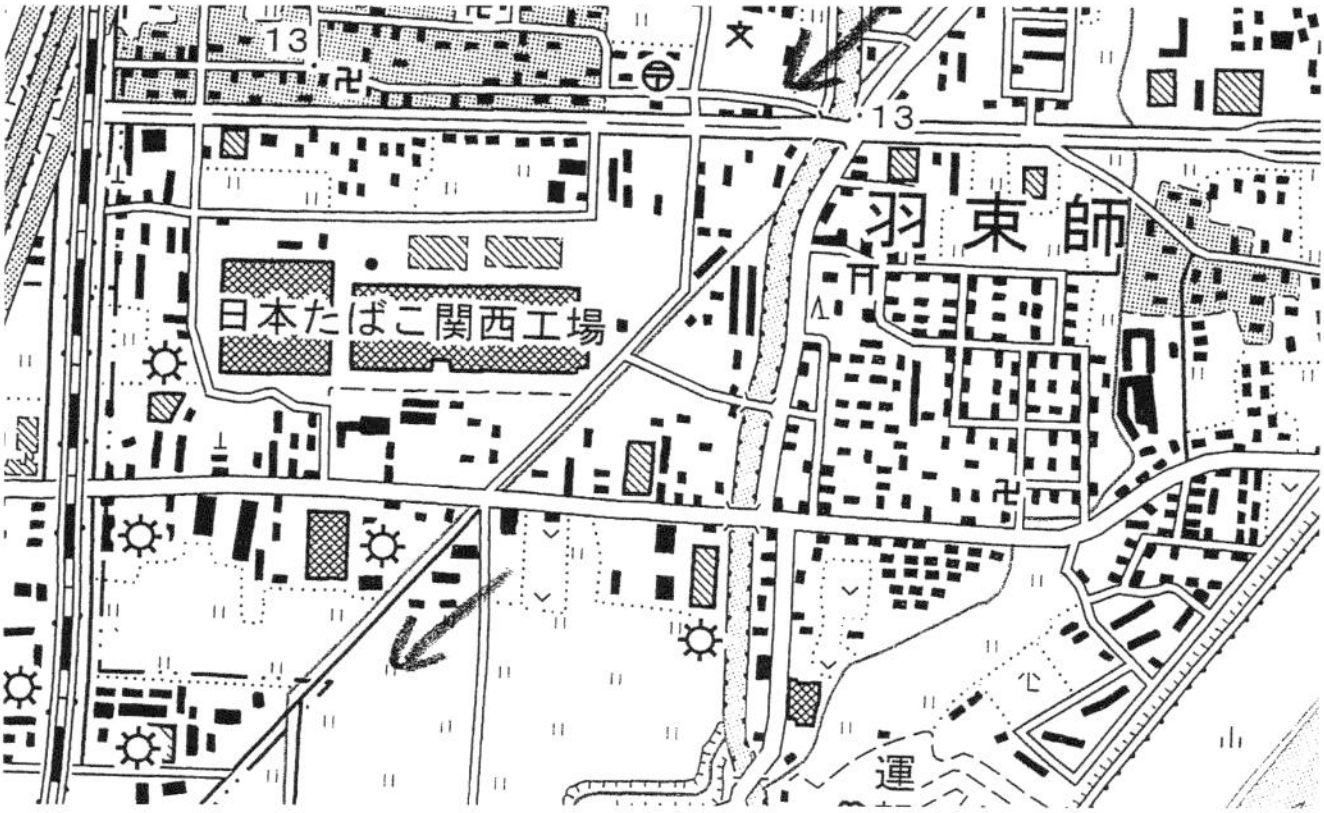

図１　１：25,000「京都南部」平成 17 年更新（150％拡大）

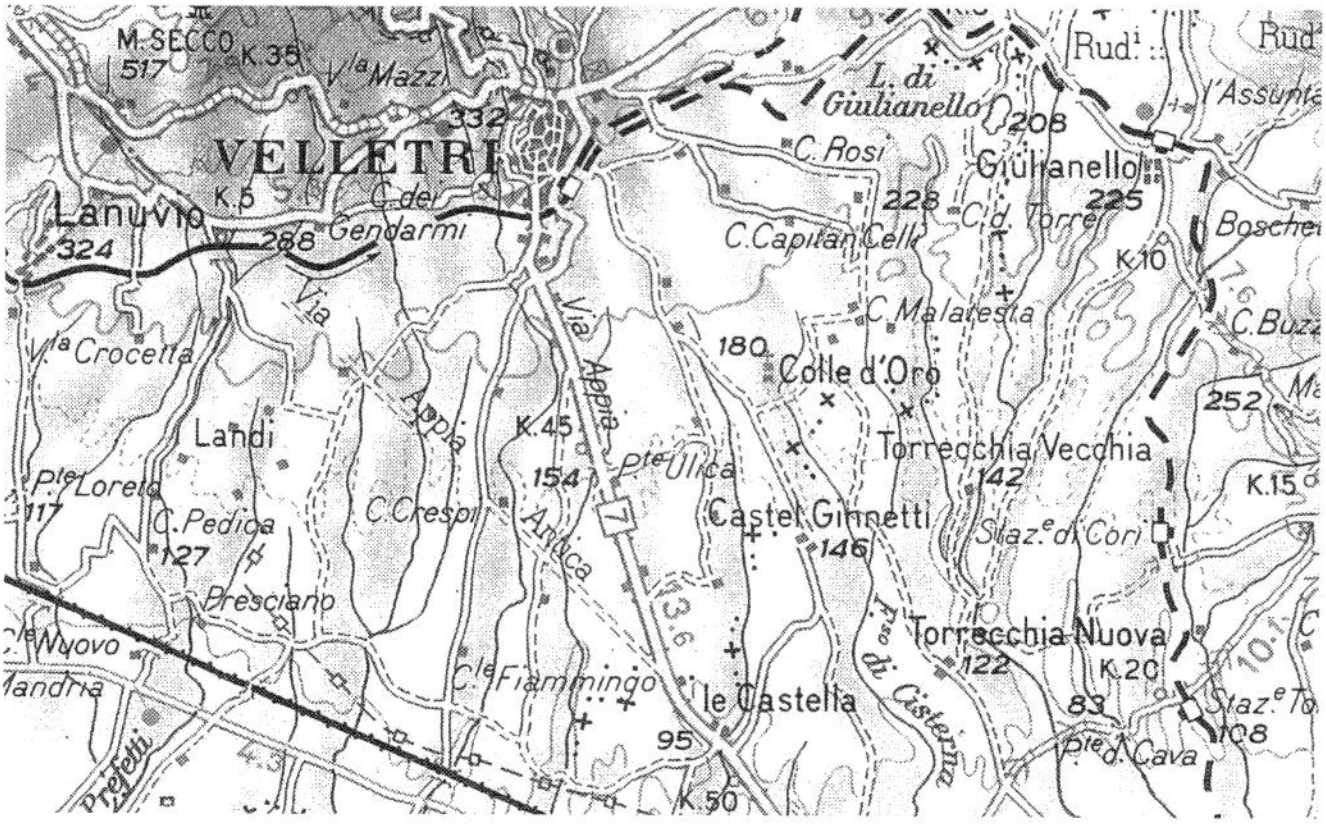

図２　イタリア１：200,000「ローマ」

Via Appia Antica が古代ローマ帝国のアッピア街道。

えばこの地図を、イタリアの作曲家レスピーギの「ローマの松」の終曲「アッピア街道の松」の壮麗な響きを聴きつつ眺めてみれば、この地形にも煩わされない一直線の街道が、強大であった帝国の「意志」を体現していることを実感できるのではないだろうか。

お国ぶりを示す鉄道の記号

地図業界で「ハタザオ線」と呼ばれる記号をご存知だろうか。旗竿といえば、断続的に黒く塗った竹竿であるから、地図ではつまりJR線に用いられる白黒交互のあの線である。もちろん以前は「国鉄線」だった。これとは別に、少し太い黒線に一定間隔で短線を交差させている「私鉄記号」も一緒に使われているのが日本の地形図の特徴である。

実は鉄道の経営主体が国であるか民間であるかを記号で区別する方式は、世界的に見るときわめて珍しい。たとえばスイスやドイツにも国鉄と私鉄が存在するが、両国の官製地形図ではいずれも両者間で記号の区別はなく、それとは別に軌間（線路の幅）によって異なる記号を用いている。他の国でも、記号で区別するのは標準軌であるか狭軌であるか、もしくはケーブルカーかアプト式などの歯軌条鉄道(急勾配区間で線路に設置された歯と機関車の歯車を嚙み合わせる方式)か、という機能の違いによるものがほとんどだ。

日本でも戦後に昭和三〇年図式で国鉄・私鉄の区別が行なわれる以前は、明治期から諸外国同様に機能別の区分だった。なぜ戦後になって国鉄・私鉄の区別が行なわれるようになったのか不明だが、太くて目立つハタザオを国鉄にしていることから、意地悪く考えれば「官尊民卑」の意識の表われ、ということなのかもしれない。機能別でなく官・民で分ける方法が広まると、何かと両者の扱いに差ができる。たとえばさまざまな場面で作製される略図などで煩雑を避けるためとしてＪＲのみが表示されたり、各社の時刻表の索引地図では一日数本のローカル線であっても線は太く全駅が掲載されるのに対して、私鉄だと特急が一〇分間隔で走る幹線であっても細い線で駅も省略される、といった具合だ。その逆に私鉄の全駅を掲載し、国鉄（ＪＲ）は省略した例など、私はこれまで一度も見たことがない。

各国の地形図の凡例欄にある鉄道記号を観察してみよう。まずはイギリスの五万分の一。種類としては普通鉄道（標準軌）が単線・複線の区別なく黒い太線、狭軌鉄道またはLight rapid transit systemが日本の私鉄記号である。後者は郊外型軽快電車などと意訳すればいいだろうか。シンガポールの漢字表記では「軽軌列車系統」というが、都心部では路面電車や地下鉄、郊外は専用軌道を高速走行するような近距離電車がヨーロッパでは昨今増加する傾向にある。駅については普通鉄道が赤丸、軽軌電車が黄色い丸印となっていて、普通鉄道の主要駅は大きめの長方形だ。

イギリスの地形図で特筆されるのは「廃線」を表示していることだろう。鉄道跡を破線で示し、

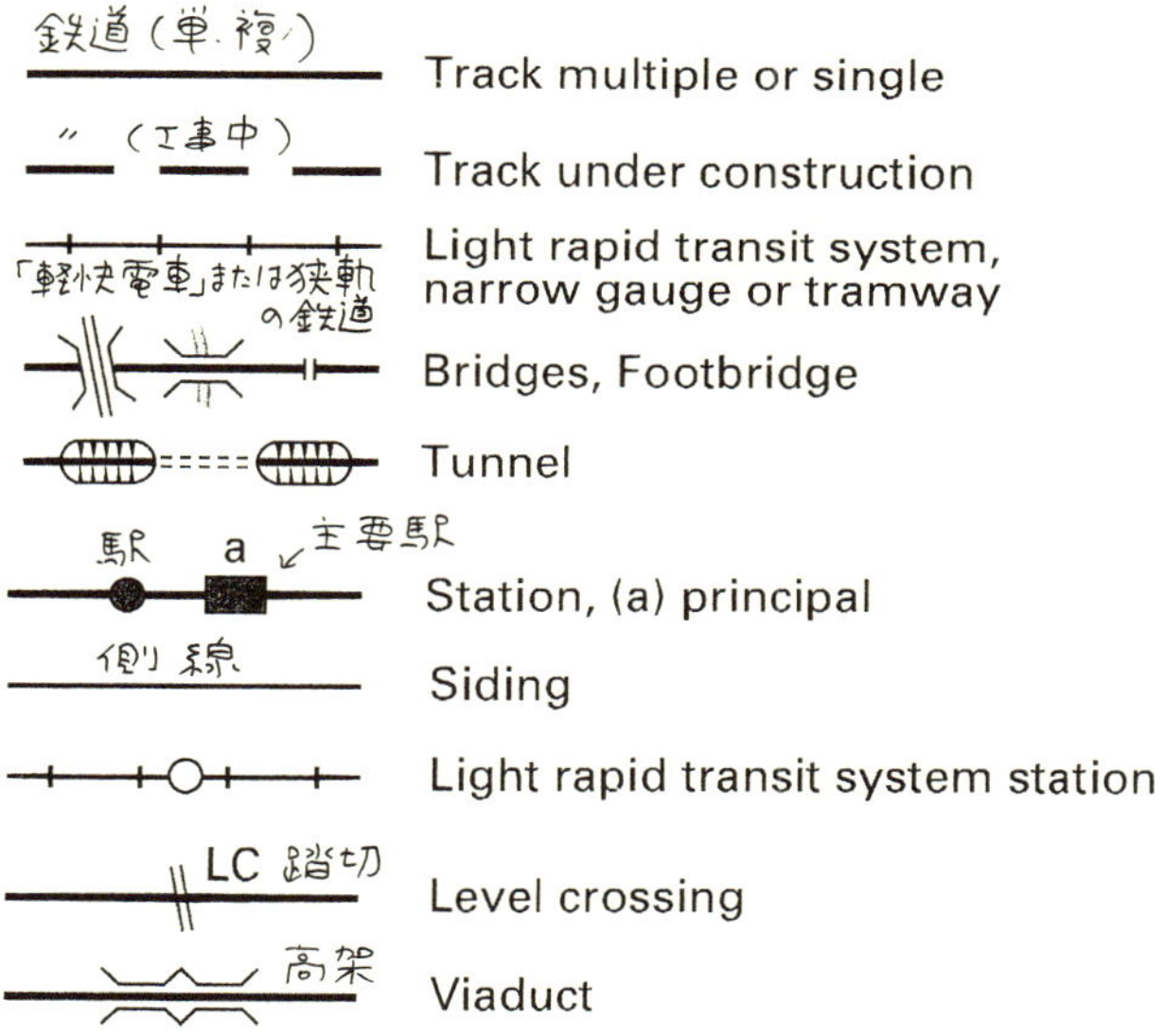

イギリス1：50,000地形図の鉄道記号

傍らに dismtd rly（dismantled railway）と示すのだが、これが各地に実に高密度で存在するのは、鉄道発祥の地であるこの国の全盛期に、いかに稠密《ちゅうみつ》な鉄道網が存在したかを教えてくれる。他にも古代ローマ時代から近代に至るまでの多数の遺跡をこまめに表記しているお国ぶりの一端、ということだろう。

ドイツでもやはり軌間の違いで標準軌と狭軌で記号を分け、複線・単線の別を示している。単複を区別する国は他にもあるが、この国の二万五千分の一ではその線路の数を横線で示しているのが異色で、二線と三線などがきちんと区別してある（五万分の一は単複の別のみ）。線路の本数を正確に数えられるところがいかにもドイツ的だ。それに加えて起点からのキロポストも一キロごとに▽印で示している。

さらにドイツでは駅にも種類があり、Hauptbahnhof（中央駅）と Bahnhof（駅）、Haltestelle（または Haltepunkt 停留場）など細かい。要するに東京駅やフランクフルト中央駅のような駅と一般駅、それにホームと簡単な待合室のみといった停留場が区別されているわけだが、さらに五万分の一では駅舎が線路のどちら側にあるかが示されており、これは実際に知らない土地へ行った場合にはとても重宝する。ドイツは州により図式が部分的に異なるため、旧東ドイツであった諸州では電化の有無が示されていたり、一〇〇〇分の二〇以上の急勾配区間の表示もある。ちなみに電化の有無が区別されている国はスペインやフランス、イタリア、スウェーデンなどいくつもある。

ザクセン州（旧東ドイツ）1：25,000 地形図

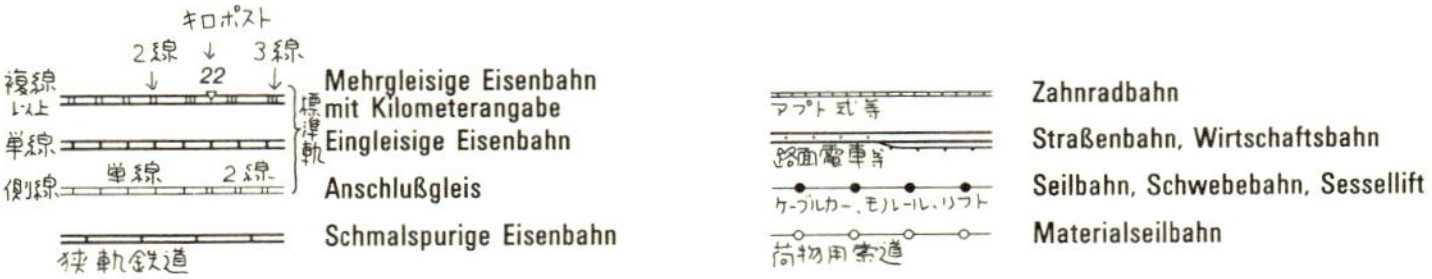

ヘッセン州 1：25,000 地形図

バーデン=ヴェルテンベルク州 1：50,000 地形図

州と縮尺で異なるドイツの鉄道記号

地方色が出ているのはスイスで、こちらは標準軌の普通鉄道は単複の別だけだが、アプト式やケーブルカーを含む狭軌鉄道専用の記号（細かいハタザオ）が用いられている。また、路面電車については地形図での扱いは国によってまちまちで、日本のように道路のセンターに一本線を引いて表示するもの、ドイツのように小さな点を等間隔で打つもの、日本の石段記号を思わせるスイス、あるいは路面の区間はまったく無視するものなどいろいろだが、オランダでは路面区間であっても専用軌道を持っている（走行路が独立したセンターリザベーション方式）ものと、一般の路面区間を区別している。ついでながらオランダでは「自転車道路」という記号もあるが、これなどは路面電車と自転車を都市交通の重要な担い手と位置づけている国ならではの地図表現といえるだろう。

さて、クルマ王国、アメリカではどうだろうか。鉄道の旅客輸送の実態を把握するための指標に乗車人数×乗車距離の「人キロ」があるが、日本では平成二〇年（二〇〇八）に二五三六億人キロであったのに対し、アメリカはわずか一六九億人キロ（二〇〇七）と圧倒的に少ない。これに対して貨物輸送では輸送重量×輸送距離の「トンキロ」で日本の二二一億トンキロに対してアメリカは二兆七七三〇億トンキロ（両者とも二〇〇八年）と一〇〇倍以上の開きがある（以上の数値は国際鉄道連合による）。

そんなわけでアメリカでは「鉄道は貨物輸送の担い手」という認識が強いからか（一部大都市圏の地下鉄などは例外的）、一般の人が見る地図での鉄道の扱いは非常に素っ気なく、たいてい

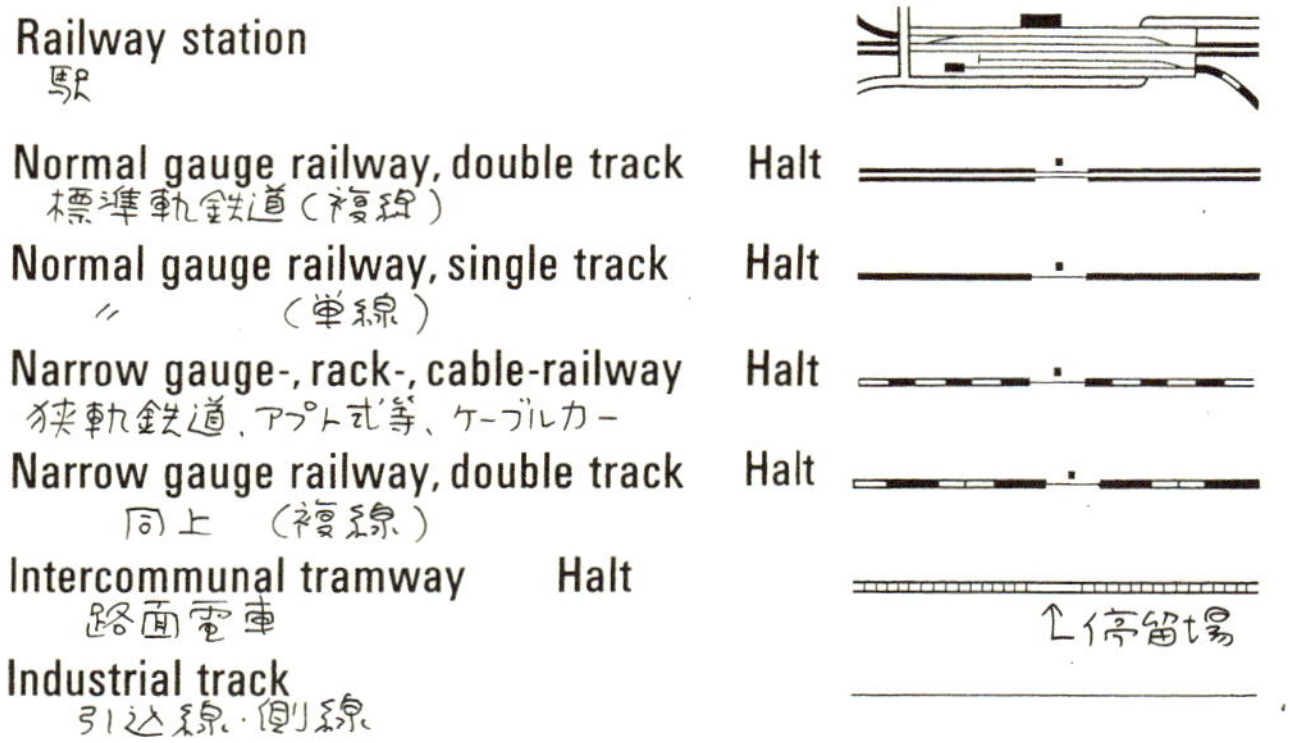

Railway station 駅		
Normal gauge railway, double track 標準軌鉄道（複線）	Halt	
Normal gauge railway, single track 〃　　（単線）	Halt	
Narrow gauge-, rack-, cable-railway 狭軌鉄道, アプト式等, ケーブルカー	Halt	
Narrow gauge railway, double track 同上　（複線）	Halt	
Intercommunal tramway 路面電車	Halt	↑停留場
Industrial track 引込線・側線		

スイス 1：25,000 地形図の鉄道記号

	pad	*path*
自転車道	fietspad	*cycle-track*
	weg in aanleg	*road under construction*
	weg in ontwerp	*planned road*
複線	spoorweg: dubbelspoor	*railway: double track*
単線	spoorweg: enkelspoor	*railway: single track*
	station; laadperron	*station, loading-bay*
路面電車　専用軌道	tram: op eigen baan	*tramway: reserved track*
路面（併用）	tram: op de weg	*tramway: street-track*
地下鉄と駅	metrostation	*underground-station*

オランダ 1：25,000 地形図の鉄道記号

米国 1：24,000 地形図の鉄道記号

細い「私鉄記号」が用いられていて目立たない。しかし、少し大きめの縮尺で見ると興味深いことが発見できる。

カリフォルニア州を走る大陸横断鉄道のひとつ、ユニオンパシフィック鉄道の線路（単線）を地形図で見ると、細い線で表わされた鉄道の記号が、駅や信号場など行き違い可能な複線部分では律儀に二本線で描かれている。この複線部分が長いほど長大な編成の貨物列車同士がすれ違えるわけだが、実際に図上で測ってみたら、その長さが約二キロほどもある駅が多かった。これなら一〇〇両以上の貨車を連結した列車がすれ違うことができる。試しにその部分を「グーグルマップ」の衛星画像で観察してみると、なるほど灌木が点在する半砂漠のような大平原の中に複線部分のある駅が判読できた。列車が写っていないか線路に沿ってひたすら追跡していったら、ある駅に全長一四五〇メートルにもおよぶ列車が停車中であるのを発見。貨車を数えたらおよそ八〇両も連結されていた。たった一列車で、しばし「開かずの踏切」にしてしまうほどの、かの国の超弩《ど》級の鉄道貨物輸送を見せつけられた思いだ。

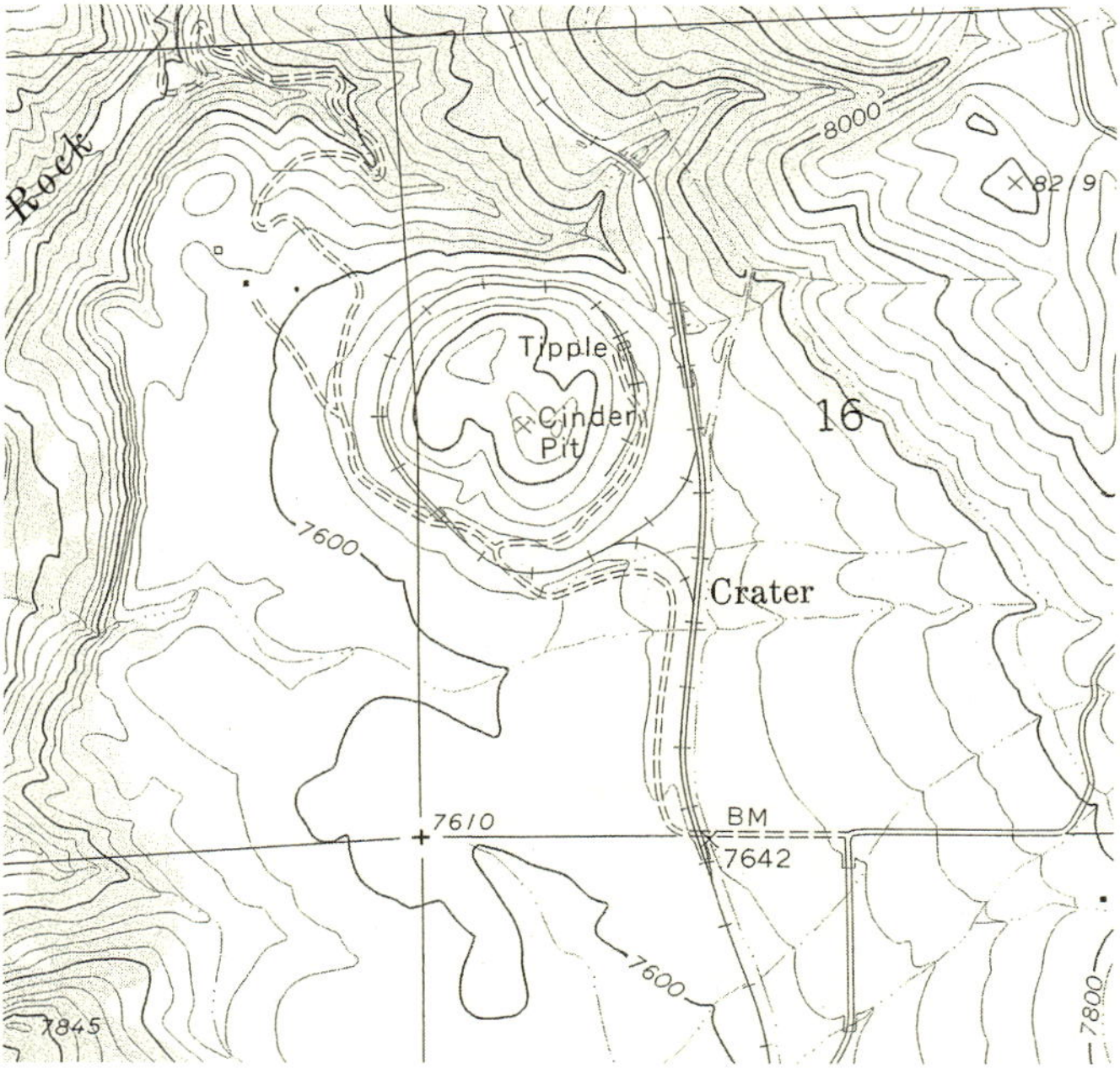

地形図に描かれた「複線部分」。
米国 1：24,000「McCoy」（コロラド州）

本流の名前が変わる川

「日本一長い川は信濃川」というのは誰でも知っている。源流は文字通り甲州・信州・武州の三国にまたがる甲武信《こぶし》ヶ岳《たけ》付近にはじまって小海線沿いに北上し、「小諸《こもろ》なる古城のほとり」を通って城下町、上田の南を流れ、善光寺平に入って大支流の犀川を合わせ、飯山付近からふたたび山峡に入って新潟県へ……。「信濃川」の説明の途中であるが、ここまでの長野県内区間が千曲川と呼ばれる。

もう少し例を挙げよう。数分おきに飛行機が離着陸する羽田空港を間近に見るところに河口があるのは多摩川だが、ずっと遡って青梅《おうめ》市を過ぎ、奥多摩町に入って小河内《おごうち》ダムに突き当たり、ダム湖がもう少しで切れるころに山梨県に入るわけだが、ここで多摩川の本流は丹波川《たばがわ》という名前に変わる(タマガワ→タバガワという鼻が詰まった程度の音の変わり方は両者関連する証拠、という見方も)。そのうち丹波山村の山中で一ノ瀬川となり、やがて本谷《ほんたに》に名を変え、さらに水干沢《みずひさわ》という小さな沢として笠取山(一九五三メートル)の直下に至る。ここに多摩川源流の碑「水干」の木柱が立てられ、「東京湾まで一三八キロ」と記されている。

そもそも川の源流がどこか、という問いには「たくさんの無名の沢や湧水があって特定できない」との答えが最も科学的だと思うのだが、人々は源流の碑を見るために汗を流して山道をよじ登る。彼らの目指す源流とは「河口から最も遠い所」であり、国際的にもそれが一応は常識になっているようだ。

しかし測量技術が未熟な昔は、どの沢が河口から最も遠い地点に至るのか不明な場合も当然多く、それ以前に、目の前の川は土地の人がそれぞれ別々の呼び方をしていたのが本来の川の名前であっただろう。私も子供のころは祖母の故郷、福井県の九頭竜《くずりゅう》川下流部でよく泳いだものだが、年寄りたちは「大川」と呼んでいたものだ。大川はおそらく全国各地にあったと思われるが、今でも阿賀野川上流の阿賀川（福島県の呼称）のうち会津盆地あたりでは大川と地図にも書かれている。四国の吉野川下流部なども昔は大川と呼んだという。

多くの地域呼称が存在した川も、交通の発達などにより人々の動きが広範囲に及ぶようになると徐々に統一の方向に傾いていくのはいずこも同じだろう。また学校で教える際に川の名は統一されてしかるべき、とする教育現場の声、新聞や放送などでも統一呼称を求める圧力は必然的に強まってきたはずだ。国土交通省が堤防に立てる看板に「〇〇川」というみずからが指定した一級河川名を大々的に記す「教育効果」も大きいだろう。

かくしてローカルな呼び名は徐々に減っていく傾向にある。ためしに昔の地図を見ると、本流の河川名の多様な姿が見られて興味深い。たとえば明治期の大井川。トロッコ列車の終点、井川《いかわ》より上流部は田代川となっているし、安倍川も上流部は大河内《おおこうち》川だ。この川では戦前までは中河内川《なかごうち》との合流地点まで大河内川と五万分の一地形図にも記されており、大・中の「河内川」が合流して安倍川になる、と現地では認識されていたのだろう。

合流地点でどちらが「本流」かどうか、これは現地で眺めてもわからないことが多い。明らかに大きな流れなのに実は短いことはある。たとえば短くても流域が広いなどの場合だが、多摩川にしても、江戸後期に描かれた『調布玉川絵図』によれば多摩川―丹波《たば》川の水源は大菩薩峠のあたりを水源と認識していた。

北アメリカで最も長いミシシッピ川でも事情は同じようだ。河口は二〇〇五年にハリケーンに伴う大洪水で甚大な被害を被ったニューオーリンズ南東の広大な湿地の「デルタ地帯」にあるが、これを直線距離で一〇〇〇キロほど遡ると（川は蛇行が激しいので実際の長さはその倍くらいありそうだが）セントルイスの町に到達する。ここでミシシッピ川とミズーリ川に分かれるのだが、詳しい地図で見ると、明らかに北から流れてくるミシシッピ川の方が幅が広く、本流の風格があるようだ。

ミシシッピ川はその後さらに北へ遡ってミネソタ州のミネアポリスから氷河が作り上げた湖沼地方でプレイリー川と名を変え、しばらく行った森の中が源流になっている。こちらは河口から三七八〇キロ。一方、支流のはずのミズーリ川は西へ遡ってカンザスシティ、オマハを経由してサウスダコタ州に入り、オアヘ・ダムの巨大な人造湖を通ってノースダコタ州のギャリソン・ダ

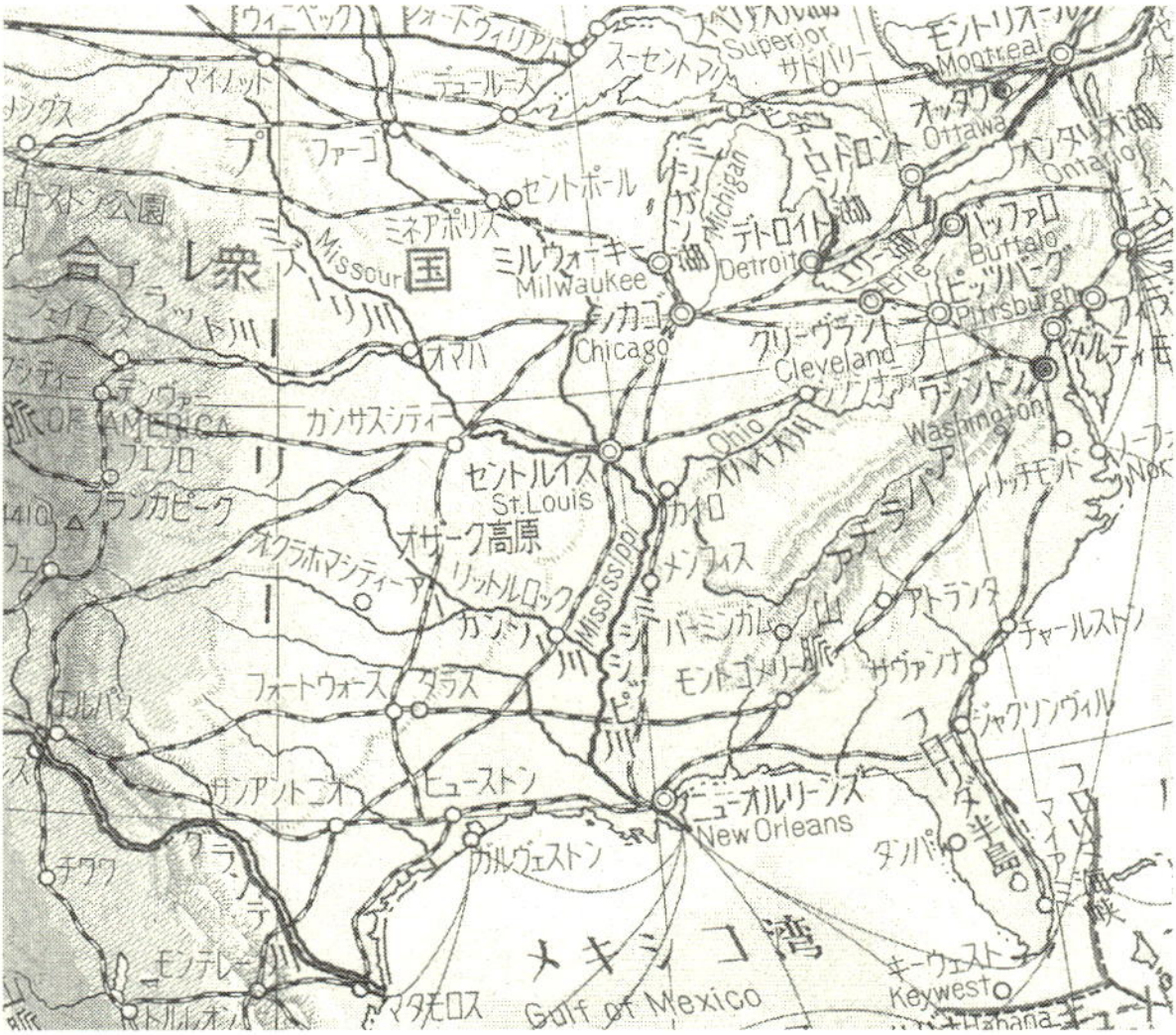

「支流」ミズーリ川の方が長いミシシッピ川。
昭和 30 年発行の「高等地図」(日本書院)(70%縮小)

ムの人造湖を経て西へ遡り、イエローストーン川の合流点の先からモンタナ州に入り、ロッキー山脈の核心部へ入っていく。最後にはマディソン川との合流地点で本流はジェファーソン川と名を変え、さらにビーヴァーヘッド川、レッドロック川となって源流の山の中に至る。

イエローストーン国立公園の境界線から西へわずか三〇キロほどのこの場所は河口から五九七一キロ、つまり「本流」だったはずのミシシッピ川よりも、途中から「支流」ミズーリ川を遡った方がはるかに長い、ということなのである。このため最近では世界の川の長さランキングなどでは、「ミシシッピ川・ミズーリ川（レッドロック川）」などの表記になっていることが多いようだ。蛇足であるが、蛇行河川であるミシシッピは河川改修で徐々に短くなる宿命にあり、半世紀前には六五三〇キロ（理科年表一九四九年版）とさらに五〇〇キロほど長かった。中国の長江（六三〇〇キロ）にいつの間にか「抜かれていた」ということになる。

それはともかく、川の地域呼称を考えてみよう。「小諸なる古城のほとり」が千曲川でなくて「信濃川旅情のうた」に変わってしまったとしたら、どうだろう。今は亡き詩人は天上で目をむいてしまうのではないか。

そんな馬鹿なことは起こるまいと思うかもしれないが、つい最近、国土地理院の二万五千分の一地形図で京都あたりを見たら、保津峡のあたりに桂川と記されていて驚いた。さらに遡った亀岡盆地にも桂川とある。京都人に限らず、この川は亀岡盆地までが大堰川《おおいがわ》、保津峡に入ったら保津川、そして嵐山の渡月橋から桂川と名を変えるというのが常識だ。それを国の機関の地図が率先して桂川一本でまとめてしまったのだ。これは由々しき問題ではないだろうか。「保津川下り」が「桂川下り」になったら、目に浮かぶ風景はまったく別物になってしまうではないか。

川の名称も、やはり地名と同じように、流域に住む人々が今よりはるかに川と密接な暮らしを積み重ねてきたなかから生み出されたものなのである。それを地図を作る担当者が、管理しやすいのか二重三重に名前があるのに我慢ができないのか知らないが、統一してしまうのはどうみても乱暴だ。

地形図は「国の基本図」である。民間や市町村はこれをベースにしてさまざまな地図を作るのだ。それだけ重大な影響を持っているのだから、地域呼称の扱いについては、慎重の上にも慎重を期してもらいたい。さらに進めて、たとえば多摩川の河口部を指す六郷川《ろくごうがわ》、相模川河口部の馬入川《ばにゅうがわ》などの表記も復活してくれるとなお意義深い。地図に多様な名前を載せるのに金はほとんどかからないのだから。

場所によって名を変える川。
1：200,000 帝国図「京都及大阪」
大正 8 年製版・発行（185％拡大）

屋賀
千原
馬路
出雲
千歳
中
愛宕山
924
牛松山
629
水ノ尾
河原尻
國分
毘沙門
河原林
大井
金岐
並河
太田
保津
保津川
佐伯
吉川
余部
かめをか
亀岡町
吉田
穴太
山本
430
馬堀
柏原
西條
南條
南
浄法寺
篠村
王子
龍ケ尾
413
森
犬飼
寺村
老ノ坂
旧峠
曽我部
神原
439
春日部
枝
明神嶽
524
杉生
外ノ畑
小泉
黒柄嶽
527
中ノ畑
小塩山
640
東別院
田能
樫田
坂本
東掛
街道

column

わかりやすい路線図とは

大都市の電車やバスのターミナルでは、掲げられた路線図を凝視している人をよく見かけるが、路線図の出来の善し悪しが、目的地へ無事にたどり着けるかどうかのカギを握っていたりするのだから、そのデザインは重要だ。「電車やバスの路線図は、駅の並び方と路線の相互関係が正しければ大幅にデフォルメしてもいい」という考え方は一般に浸透している。もし全域を統一縮尺で忠実に表現したとすれば、都心部は路線や駅が密集して見にくくなり、逆に郊外は閑古鳥が鳴くようなヒマな図柄になってしまう。そうなると都心部の拡大図も必要になり、煩雑だ。だから都心部を相対的に大きく、郊外を小さく表現するデフォルメは、わかりやすい路線図の表現にとって重要なのである。

路線図の話題では必ず取り上げられるのがロンドンの伝統的な地下鉄路線図である（http://www.tfl.gov.uk/gettingaround/1106.aspx　このページでStandard Tube mapを選ぶ）。路線別に色分けされ、ラインは縦横と斜め四五度の八方位に限定されており、乗換駅は○、その他の駅は線上の凸印で区別されている。薄いグレー網の地紋で運賃のゾーン分けが表記されているほかは、国鉄乗換駅を示すロゴマーク（路線は描かれず）、駐輪場・駐車場のある駅などのロゴ、あとはテムズ川を位置の目安として大幅にデフォルメされた形で蛇行させている程度。何十年もこ

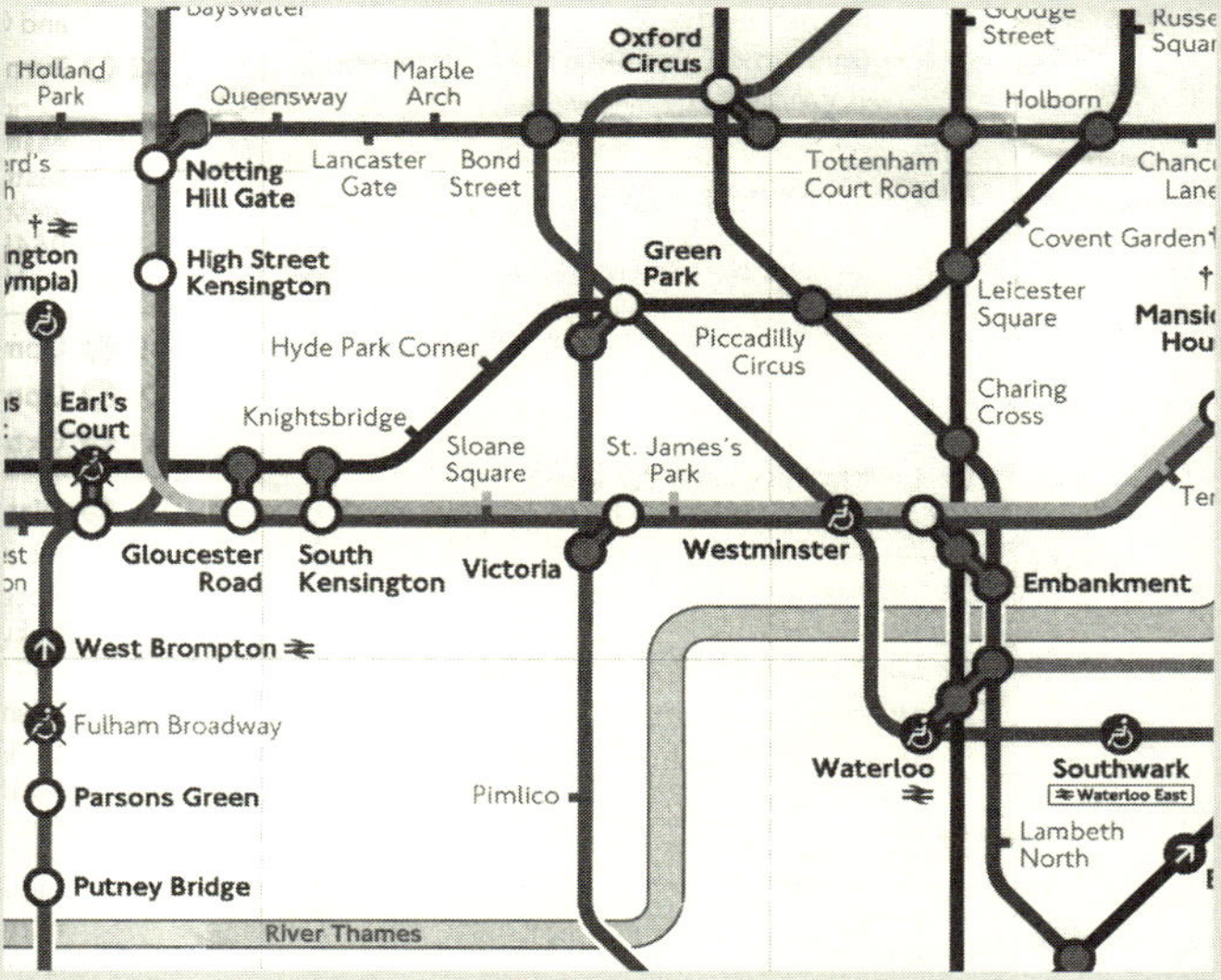

ロンドンの地下鉄路線図

のデザインで貫いているので、やはりその見やすさは多くの支持を集めているのだろう。

これと雰囲気は異なるが、ニューヨークの地下鉄路線図（http://www.mta.info/maps/submap.htm）も同様のタイプだ。やはりハドソン川とイースト川やジャマイカ湾などで大まかな形を示し、位置の目安として誰もが知っているセントラルパークを緑色で表示しているわかりやすい図だ。パリの地下鉄路線図（http://www.ratp.fr/informer/pdf/orienter/f_plan-php）もやはり特徴的な蛇行を見せるセーヌ川が重要な手がかりになっている。地下鉄の路線名は東京やロンドンのように固有名詞ではなく系統番号だが、それらは丸数字で目立つし、系統ごとの終着駅が太字になっているので、実際に地下鉄に乗ってみれば、その効用はすぐに実感できるはずだ。また、パリ市域の外側が濃い色になっているのでわかりやすい。ちなみにパリの市境はかつての市壁であり、このラインに沿って駅名を観察していくと、門（Port）の付く駅が非常に多いことがわかる。都心から放射状に伸びる道にかつて多くの門が建設され、それが地下鉄の駅名に今も引き継がれているのだ。

さて、日本の地下鉄はどうだろうか。東京は世界的にも路線延長が長い高密度のネットワークを持っているが、東京メトロ（旧・営団地下鉄）のホームページで路線図（［簡易版］http://www.tokyometro.jp/rosen/）を見ると都営地下鉄が載っていない。ここに限らず、日本の鉄道地図は自社以外の情報には冷淡な傾向が昔からあるのだが、東京の地下鉄は都営も含めてネットワークを形成しているのだから、他社を省略するのは経営者の立場でしかなく、利用者にとっては不親切だ。最近は東京メトロの路線図でも詳細版には都営も含めて掲載しているが、都営地下鉄の路線を少し細く表現している図もあって、どうしても「自社中心」の文化が拭い切れていない印象がある。日本の私鉄の路線図は伝統的に自社のみ、もしくは接続する国鉄（ＪＲ）線だけは描くがきわめて細く、特に競合路線の場合は完全に無視することも珍しくない。だからインターネット時代になっても私鉄の電車乗り継ぎ案内など、本来ならＪＲ線を経由した方がはるかに早く着くのに、延々と自社線を遠回りする案内が出てきたりするのは、やはり「自社優先路線図」の文化が引き継がれていると見るべきだろう。

ついでながら、欧米の大都市では「運輸組合」のような機関が都市圏の公共交通を一元的に運営している場合が多く、ゾーンで運賃を設定するなど、日本のように他社にまたがる場合に割高の運賃を払うような場面が少ないので、地下鉄やバスの路線図も「他社」を意識せずにデザインできるメリットがある、という事情があることも付言しておく。

国内外を問わず、モータリゼーションの進展は公共交通を脅かし、日本でも規制緩和がじわじわ効いてきた昨今、廃止される地方交通線が目立つようになってきた。交通会社間の健全な競争は乗客に利益をもたらすが、各社が自社の利害を超えて都市圏全体の利用しやすい路線情報をわかりやすく提供すれば全体の利用者が増加し、長い目で見れば各社の利益にもなるはずだ。そのためには誰にとってもわかりやすい、現場で利用しやすい路線図のデザインが大きな役割を果たすのではないだろうか。

3　人の住むところに境界あり

合わない「国境線」の話

「国境」をめぐる紛争は、国というものが誕生して以来、世界各地でおそらく絶えたことがないだろう。一方が「ここまでがウチの領土」と主張すればもう一方は「それは出過ぎ、ここまで」と反対する。世界地図を見渡せば、今でも国境線が破線などで示された国境未確定区域がいくつも見られるが、このうちインドとその周辺に注目してみよう。

インドとパキスタンの北方に位置するカシミール地方は、両国どちらもが領有を主張しており、さらに中国もその一部を新疆《しんきょう》ウイグル自治区の一部であるとしている。三国がからんでいるため、日本の学校地図帳などではいくつもの破線の「未確定国境」が引かれていて目をひく。次ページの図はインドの出版社が発行した地図帳の巻頭に掲げられたインド全図だが、ここでは最北端に位置するカシミール地方が、当然ながら完全にインド領として表現されている。これに対してパキスタンの地図ならこの部分を自国領としているはずだ。

北東部（右上端矢印）にはアルナチャルプラデシュ州が描かれているが、中国の出版社が発行

インドの都市地図帳 The Metro Atlas of India (Tamilnad Printers and Traders Pvt. Ltd.) の索引地図

JAMMU AND
KASHMIR
Srinagar
HIMACHAL
PRADESH
Shimla
PUNJAB
CHANDIGARH
HARYANA
DELHI
Gangtok
UTTAR
PRADESH
Jaipur
RAJASTHAN
Lucknow
Patna
BIHAR
Gandhinagar
GUJARAT
Bhopal
MADHYA PRADESH
WEST
BENGAL
Calcu
DIU
(G.D. & D.)
DAMAN
(G.D. & D.)
DADRA & NAGAR HAVELI
Silvassa
I N D I A
ORISSA
Bhubanesh
Bombay
MAHARASHTRA
Arabian
Sea
Hyderabad
ANDHRA
PRADESH
YANAM
(PONDICHERRY)
Panaji
GOA
(GOA, DAMAN AND DIU)
KARNATAKA
Bay of
Bangalore
Madras
MAHE
(PONDICHERRY)
PONDICHERRY
(PUDUCHCHERI)
TAMIL
NADU
Kavaratti I.
KARAIKAL
(PONDICHERRY)
LAKSHADWEEP
(INDIA)
KERALA
Trivandrum

した地図はその領域の大半を中国のチベット自治区としている。この境界にもやはり歴史的な経緯が反映されている。まず一九一一年の辛亥革命で清朝が滅んだ後、独立を目指したチベットと中華民国の間を調停した英国全権マクマホンが引いたチベットとインド・アッサム地方の境界（マクマホン・ライン）に従ったインドと、それを中華民国以来ずっと現在まで認めない中国の立場の違いがここに表われているのだ。一九五九年の武力衝突を経て現在のところインドが実効支配しているものの、中国としてはまだ認めたわけではない、との強いメッセージを地図上に示し続けているのだ。ところで、武蔵や信濃といった日本の旧国境はどうだろうか。都府県境はこれらの旧国境と一致していることが多く、特に中部から東日本、それに中国・四国は一国一県、または二国で一県といった例が目立つ。しかしそれらの中で微妙に国境が食い違っている場所がある。それぞれの事情で一部地域が隣県へ「移籍」した結果だ。

さて、大阪府といえば摂津《せっつ》・河内《かわち》・和泉《いずみ》いわゆる摂河泉《せっかせん》三国（摂津西部は兵庫県）というイメージがあるが、実は「第四の国」にまたがっている。日本では狭い方から二番目の大阪府（かつて最下位だったが、昭和六三年（一九八八）香川県を抜いた）が旧四か国にまたがっているとは意外だが、この四つめは戦後の「移籍」によるもので、大阪府の北端部にぴょこんと耳のように飛び出した部分。昭和三三年（一九五八）に高槻市に編入される以前は旧丹波国に属する京都府南桑田郡樫田《かしだ》村といった。

大阪府の丹波。濃い線が旧国界、薄い線が府境。
1：200,000 地勢図「京都及大阪」平成 15 年修正（150％拡大）

高槻市と同じ芥川の水系であること、江戸期には高槻藩領だったこともあって戦前から大阪府への編入運動があったが、戦争で立ち消えとなり、戦後の町村合併促進法に伴う「昭和の大合併」の際に再燃、亀岡よりもバスで高槻へ出た方が便利であることもあって、珍しく府境を越えた合併が実現したものだ。合併により大阪府はこの地区の約八八〇人を加えた。人口はともかく、この合併がなければ今なお大阪府が都道府県面積ランキングの最下位を維持していたことはおそらく間違いない。ちなみに、数キロ西側には同様に丹波（京都府南桑田郡）から大阪府へ同じ年に移籍した地区もある。

次はざっと七平方キロほどの小区域だが、JR赤穂《あこう》線の駅名を子細に眺めれば気がつくかもしれない。兵庫県赤穂市内（大半は播磨国《はりまのくに》）にあるにもかかわらず、備前福河と称するからである。従来は備前の全域が岡山県だったのだが、旧・和気郡日生町《ひなせちょう》（現・備前市）の一部が昭和三八年に越県合併で兵庫県赤穂市へ移籍した。備前福河駅の福河とは旧村名で、これは福浦＋寒河《そうご》の合成地名であるが、このうち福浦の大部分が赤穂市へ移ったのである。『神戸新聞』（平成一四年五月八日版）によれば、赤穂市に通勤する人が多く、生活圏を考えると自然ななりゆきだったようだ。しかし岡山県と日生町が離脱に反対、調整は難航したが、前に広がる海の漁業権を岡山県側に有利に配分することで決着したという。

ちなみに日生町側に残った福浦の北端の一部（図中書き込み「岡」の字の右側）は他と水系が異なり、三石方面から吉井川へ注ぐ谷間であったので、こちらは残留が自然だったのだろう。そ

兵庫県なのに備前を名乗る福浦地区の備前福河駅。
1：200,000 地勢図「姫路」平成 17 年要部修正（150％拡大）

んなわけで、しばらくは兵庫・岡山両県境をまたいで二つの福浦が存在したが、昭和四九年には日生町側の福浦が寺山（現・日生町寺山）と改称している。そんな経緯で「微量の備前」を追加したことにより、兵庫県は摂津・丹波・播磨・淡路・但馬《たじま》・備前の実に六か国にまたがる、旧国の数でいえば日本一の県ということになった。当然ながら北海道の「旧国」は明治以降のことなので、除外しての話だが。

次ページは三河高原の山々に囲まれたなかを矢作《やはぎ》川が流れているところで、この川の一部が三河・美濃の国境を成していた。それが愛知・岐阜の県境に引き継がれてきたが、この地区では、山の中のそれほど広くない矢作川を挟んだ対岸とは日常的に往来があり、同じ自治体である方が自然だったようだ。総務省のいわゆる「合併マニュアル」にも越県合併の例として紹介されており、その合併理由として「矢作川を境として県を異にしていたが、地勢、産業はもとより人情、風俗も全く似通っていたため」と記されている。

その結果、県境に接する、その名も三濃村、つまり三河と美濃の合成村名は、昭和大合併時のピークである昭和三〇年、三つの大字《おおあざ》のうち横通《よこどおり》を岐阜県明智町に、野原・浅谷《あざかい》を愛知県旭村（その後旭町、現・豊田市）にそれぞれ編入、消滅した。

日本の旧国境は尾根線や大河などによるものが多く、たいていは現在も合理的な文化圏・生活圏などの境界として機能しているが、トンネルや橋梁などの開通などで交通事情が大きく変わり、旧来の地域分けが不便をもたらす場面も出てきた。道州制の議論も盛んだが、地方ごとの人間の

川向こうを愛知県に繰り入れた旧三濃村。

1：200,000 地勢図「豊橋」平成 7 年要部修正（150％拡大）

行動範囲と行政区画の関係について、改めて吟味すべき時代が来ているのかもしれない。

ワケあって飛地となりました

東京都に飛地があるのをご存知だろうか。埼玉県の中にポツンと存在する〇・一六ヘクタールほどの狭い長方形で(地形図で測るとざっと五七メートル×二八メートル)、最寄りの練馬区の「本土」とは目と鼻の先だ。ここは練馬区西大泉町一一七九番地で、飛地内にある七軒の家はその後に枝番号が付いている。

この西大泉町は東京でおそらく最も小さな町だろう。「そんなことはない、西大泉なら大泉学園の駅から少し歩いて白子川を渡ればずっと西大泉のはず」と言われるかもしれないが、西大泉町と「町」が付いているのは、今やこの飛地だけなのである。「本土」の方は住居表示を実施して〇丁目〇番〇号という方式になり、住居表示済みの地名の常である「町ぬき町名」に変更されたのだが、どういうわけか飛地だけ放置された、ということらしい。そのうち埼玉県新座市に所属替えする予定でもあるのだろうか。

それはともかく、私は『地図ざんまい・しますか』(けやき出版。その後、ちくま文庫『地図を探偵する』)の取材でここを訪れたことがある。住民の方に聞いてみると、すぐ軒を接するようにして隣り合っている埼玉県側の家とは地価が二割は高い、という話だった。やはり「埼玉県新座

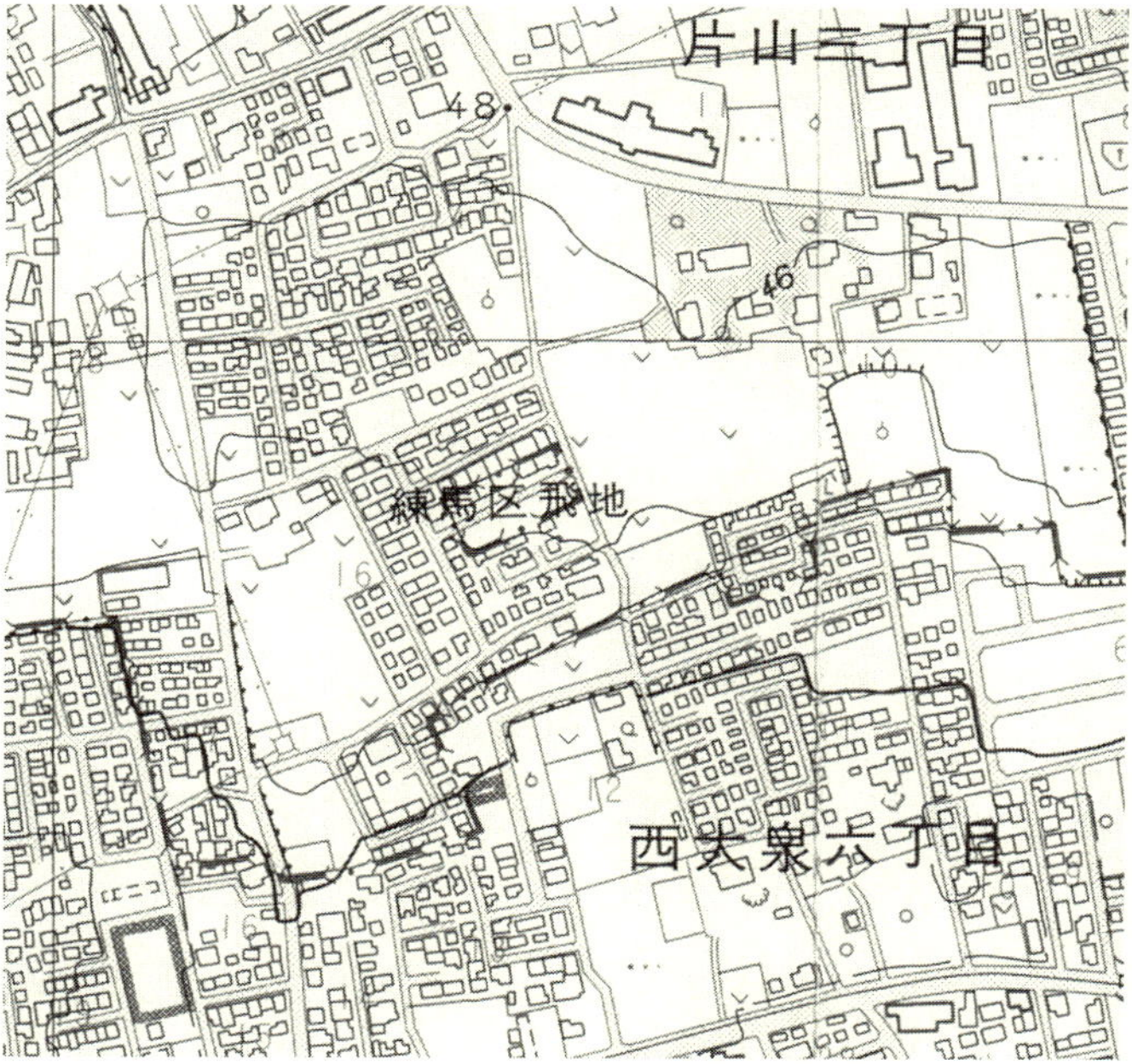

1：10,000 地形図「大泉学園」平成 14 年部分修正（170% 拡大）

市」というより「東京都練馬区」の方が不動産として高値が付く、ということなのだろう。もちろん、分水嶺や川などがあるわけでもなく、見た目はまったく区別がつかない。

蛇足ながら、この飛地はもとは埼玉県だった。というよりも大泉地区全体が町村制施行後間もない明治二四年までは埼玉県に所属していたのである。当時は純農村部で、『角川日本地名大辞典』によれば、沢庵や奈良漬の産地として知られていたそうだ。西大泉の一帯は埼玉県新座郡榑橋《くれはし》村大字中小榑《なかこぐれ》と称していたのだが、この年に東京府に編入され、北豊島郡大泉村大字中小榑となった。大泉という地名はここで誕生しているのだが、合併時に「白子川の湧水が水田を養うように」との願いを込めたものという。この飛地は、おそらく同じ新座郡片山村にあった隣村、榑橋村の飛地にすぎなかったのが、たまたま榑橋村が東京府に入ったため「府の飛地」(昭和一八年に府→都)となったのだろう。府県境の変更というのは昨今ではほとんど起こらないけれど(平成の大合併でも「越県合併」はわずか一件だけ)、当時は変更の垣根がかなり低かったようだ。

このような飛地はどのようにして誕生したのだろうか。この練馬のミニ飛地については具体的に調べていないが、田や畑の多い地域には、このような飛地は無数に発生したといっても大袈裟ではない。たとえば武蔵野台地のどこかの荒れ地の一画を開拓したのがA村の人であればA村の、B村ならB村の土地になることは当たり前で、それが明治の町村制による合併を経て現在まで整理されずに残ったものが多いのだ。

日本の都道府県レベルで最大の飛地として知られているのは、三重・奈良の県境に挟まれた和歌山県の飛地（二か所）。そのうち大きい方が北山村である。地理的に言えば奈良県に属するのが自然だが、「新宮《しんぐう》が和歌山県に入ったのならぜひ私たちも」との村民の意見を聞き入れ（北山村ホームページ）、和歌山県となった。これは村の生業の大半を占めていた筏師の仕事が、熊野川を通じて新宮町（現・新宮市）の木材業者と密接に結びついていたためだ。

外国になると、国境をまたぐ飛地も存在する。一〇九ページの図はドイツとスイスの国境地帯であるが、ライン川が自然に境界になっている部分もあれば、そうでないところもあって複雑だ。この飛地はスイス国内のドイツであり、バーデン＝ヴュルテンベルク（Baden-Württemberg）州ビュージンゲン（Büsingen）という一三三五人（二〇一二年末現在）の村。面積は七・六二平方キロ、周囲はすべてスイスに囲まれているため、当然ながら州都シュトゥットガルトに出るにもスイス国境を二度またがなくては行き着けない。もちろん現在のヨーロッパでは国境を越えるのに面倒なことはあまりないのだが。

それでも「飛地村」ならではの事情もいろいろあるらしい。この村のホームページによれば、通貨はスイスフランが通用しているという。最寄りの都市がスイスのシャフハウゼン（図の左端の少し西）であり、隣国へ通勤している人も多く、買い物へ行くにもそちらへ出向くことになるのでその方が好都合なのだろう。そのため住民のサイフにはスイスフランとユーロの双方が入っているようだ。それから、このホームページには電話ボックスも両国のドイツ・テレコムとスイスコムが仲良く並んでいる写真が掲載されているし（市外局番はドイツの〇七七三四とスイスの〇五二の二つある）、自動車のナンバープレートも国境での税関の取扱いをスムーズにするためスイスの様式になっている。

郵便番号もドイツの番号「D―７８２６６」の他にスイスの「CH―８２３８」の双方を持っているきわめて特殊な地域だ（Dはドイツ、CHはスイスを示す国略号）。しかし一九八六年以前はドイツの番号しかなく、隣接したスイス国内の、たとえばスイス側のシャフハウゼンからビュージンゲン村に小包を出すと、大変な遠回りを強いられたという。Dの番号すなわち国際郵便なので、小包はまずチューリヒに近いヴィンタートゥーアに集められ、それがロマンスホルンへ運ばれ、いったんボーデン湖を渡って対岸、フリードリヒスハーフェン（飛行船ツェッペリン号ゆかりの地だ）でドイツへ上陸、ジンゲン→シャフハウゼンと鉄道郵便で運ばれ、ようやくシャフハウゼンへ舞い戻り、そこで通関手続きを経ておもむろに郵便車に乗せられ、ビュージンゲンに到着するという寸法だった。しかし、これではオカシイ、とある国会議員が動いて郵政当局と掛け合い、スイスの郵便番号を取得してスムーズになったとのことだ。ちなみに同村から出す郵便には両国どちらの切手を貼ってもよいことになっている。

この飛地の発生は一五世紀に遡るそうで、まだまだ統一国家が誕生する以前、神聖ローマ帝国内の諸侯領が錯雑していた名残である。一九一八年には住民投票で住民の大半がスイスへの編入

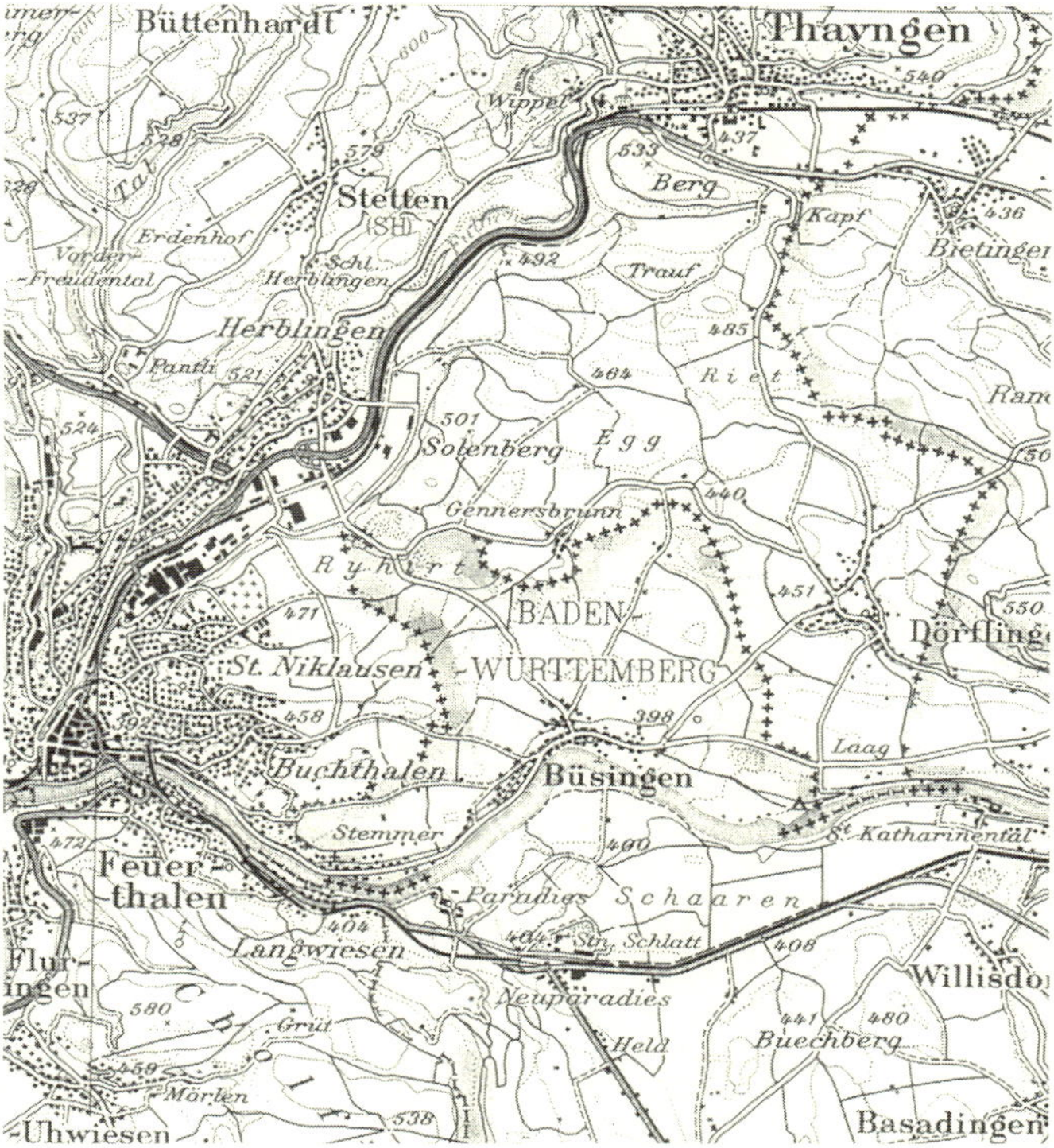

スイス 1：100,000「チューリヒ／ザンクトガレン」

を望んだが、等価交換すべき土地が用意できなかったなどの事情が重なってドイツのまま今に至っているが、通貨をスイスフランとするなど便宜が図られ、生活にそれほどの不自由はなくなったようだ。

もうひとつ、次はスイスの中のイタリア、カンピオーネ（Campione）である。正式にはカンピオーネ・ディタリアと称し、これはムッソリーニ時代に「イタリア領の」というのを強調して追加されたそうだ。古代ローマ時代、ルガーノ湖に面した急峻な地形に要塞が作られていた歴史の古い町で、長らくミラノ修道院領となっていた。一七九八年にこの一帯が所属するティチーノ（テッシン）州がナポレオンの影響下に設立されたヘルヴェティア共和国に加わった際にも、住民が修道院領を望んだため、その後もスイスに帰属せずイタリア領として現在に至っている。今日ではスイスでは認められていないカジノがあり、また税制面でも非常に恵まれているため、その特権的地位を利用してにぎわっているという。ここもビュージンゲンと同じく通貨や電話の扱い、郵便番号などにスイスのものが用いられている。だからイタリア国内から通話するときは、数キロしか離れていない同国であっても「スイスへの国際電話」という扱いになるそうだ。

どれもこれも、島国の住民としては実感が湧きにくいことばかりであるが……。

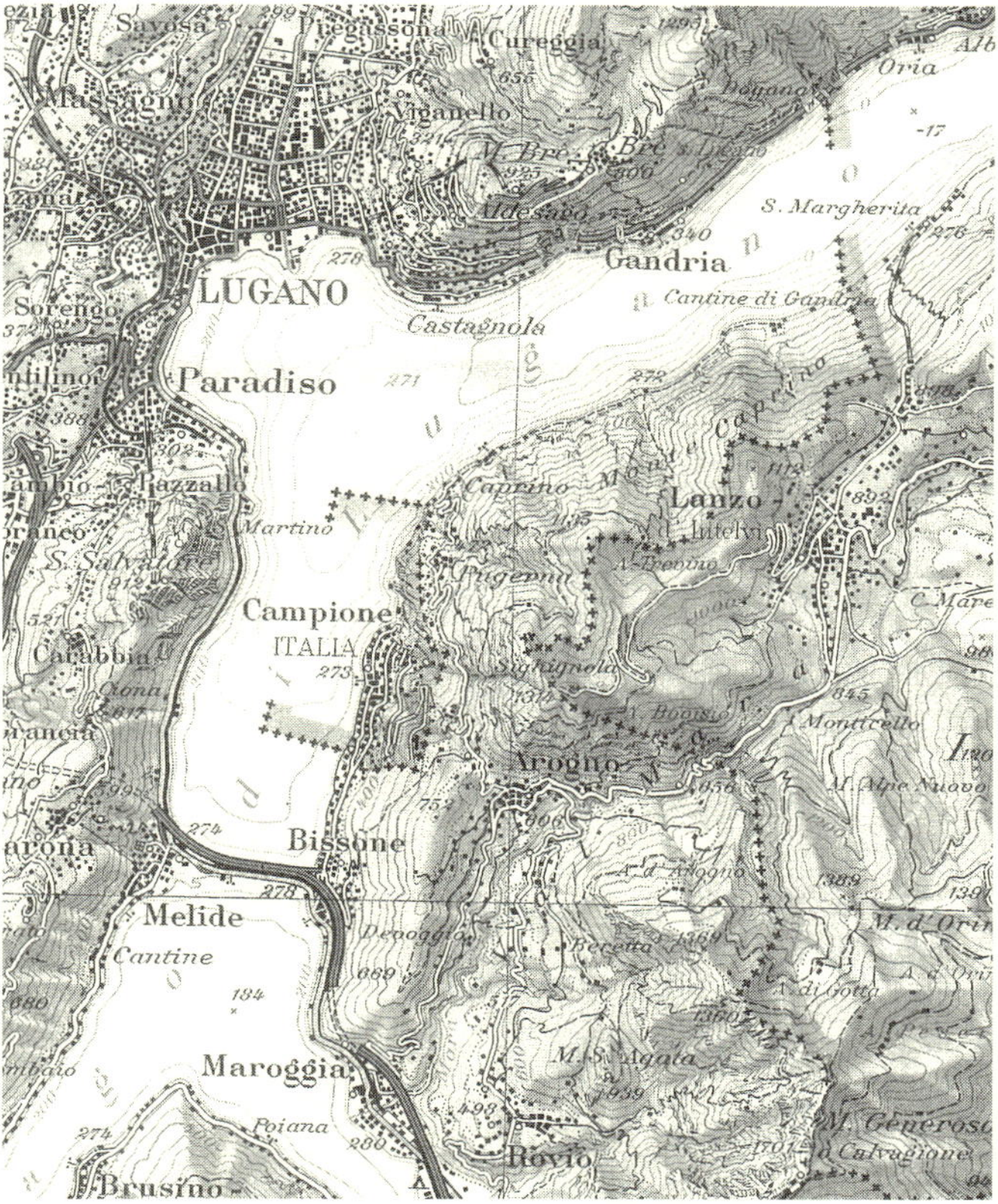

スイス 1：100,000「ソット・チェネリ」

一直線の境界

国境や都府県界、市町村界などの境界線で最も多いのが自然境界だ。たとえば尾根線や河川などがそれにあたるが、徒歩交通が主流だった近代以前にあっては、峠や大河は交通の障害であり、文化や経済などもそれらを越えない範囲にまとまっていた。山が高ければ高いほど交通のバリアは高く、方言も谷ごとに異なるのは普通のことだったはずだ。

これらの自然境界は近代以降も引き継がれ、旧国は都道府県となり、郡界も温存されることが多かった。このため、特に分水嶺の県境に長いトンネルが掘られるようになった現在でも、依然として鉄道・道路ともに県境付近の交通量はかなり少ないのが普通だ。これは国レベルでも同様なことが言える。

自然境界に対して、人工的な境界もある。これは近代以前からの領土問題や、事情による不自然な形の市町村合併などさまざまな経緯で、一見不可解な形になるものがあるが、ここでは人工的な境界の極致である「一直線の境界」に注目してみよう。人口がきわめて希薄な土地に線を引いた場合が多いようだが、強国の植民地争奪の過程で現地の住民がどのように暮らしているかにお構いなしに直線を引いてしまったケースもある。

直線の国境を世界地図で探してみると、アフリカに目立つ。特にサハラ砂漠の中は斜めの直線も取り混ぜて、きわめて人工的な印象だ。たとえばエジプトとスーダンの国境はほぼ北緯二二度線だし、エジプトとリビアの国境はほとんどが東経二五度線と一致している。アルジェリア南西部の国境線（モーリタニア、マリと接する）は一一〇〇キロもの斜めの直線だ。この地域はほとんど無人の大地であるサハラ砂漠であるから問題ないのかもしれないが、他にもソマリア、ナミビア、アンゴラなど直線の国境線を持つ国は多い。これらの国と民族の分布を重ね合わせれば、この境界が旧宗主国の植民地争奪戦による分断の結果であることが見えてくるはずだ。

最も長い一直線の境界はどこかといえば、カナダとアメリカ合衆国の国境だろう。その線は北緯四九度線で、西海岸のバンクーバーのすぐ南にはじまって（はじまりは東西どちらでもいいけれど）ロッキー山脈を越え、グレートプレーンズの大平原を横切ってミネソタ州北部のウッズ湖まで延々二〇〇〇キロも続いている。ただし直線というのはメルカトル図法で描かれた地図上の話であって、緯線は本来北極点を中心とした同心円であるから、厳密に言えば円周の一部なのだが。米国アラスカ州とカナダとの国境も、これは経線だが、約一〇〇〇キロと非常に長い。

先住民の土地にヨーロッパ人が侵入して作ったアメリカ合衆国の州境の大半は、それゆえ入植者たる彼らが「未開地」に定規で大胆に直線に境界線を引いて画定されたところである。地図を見れば一目瞭然だが、一直線の境界に囲まれた州はきわめて多く、むしろ直線でない州境の方が少ないことがわかる。なかでもワイオミング、コロラドの二州は完全に長方形だ（前述のように緯線を直線と解釈すれば）。

おまけに、コロラド高原のまん中には直線の州境が十字に交わる地点、つまり四つの州が出合う米国で唯一の点（Four Corners）があって、国道一六〇号から至近距離にあるため一種の観光地になっている（一二八ページ参照）。ここにはモニュメントが置かれているが、地面に埋め込まれた金属板に十字が刻まれ、四つの州名が記されているところに両手両足を付ければ四州を「股にかける」ことができるため、思い思いのポーズで写真に収まる、というのが定番のようだ。日本流に言えば三国山ならぬ「四国平」といったところだろうか。

ついでながら、米国には円周の州境もある。デラウェア州とペンシルヴェニア州の境界で、人工的州境の多いこの国でもさすがに珍しい。そもそもは一六八一年に英国のチャールズ二世がウィリアム・ペン（ペンシルヴェニアの州名の由来になった人物）に、デラウェア川沿いのニューキャッスルの町を中心とする半径一二マイル（約一九・三キロ）の円周の北側を与えたことにはじまるもので、地図を見ると両州の境界はきれいに一二マイルの円周の三分の一（一二〇度分）、長さ約四〇キロの弧を描いている。

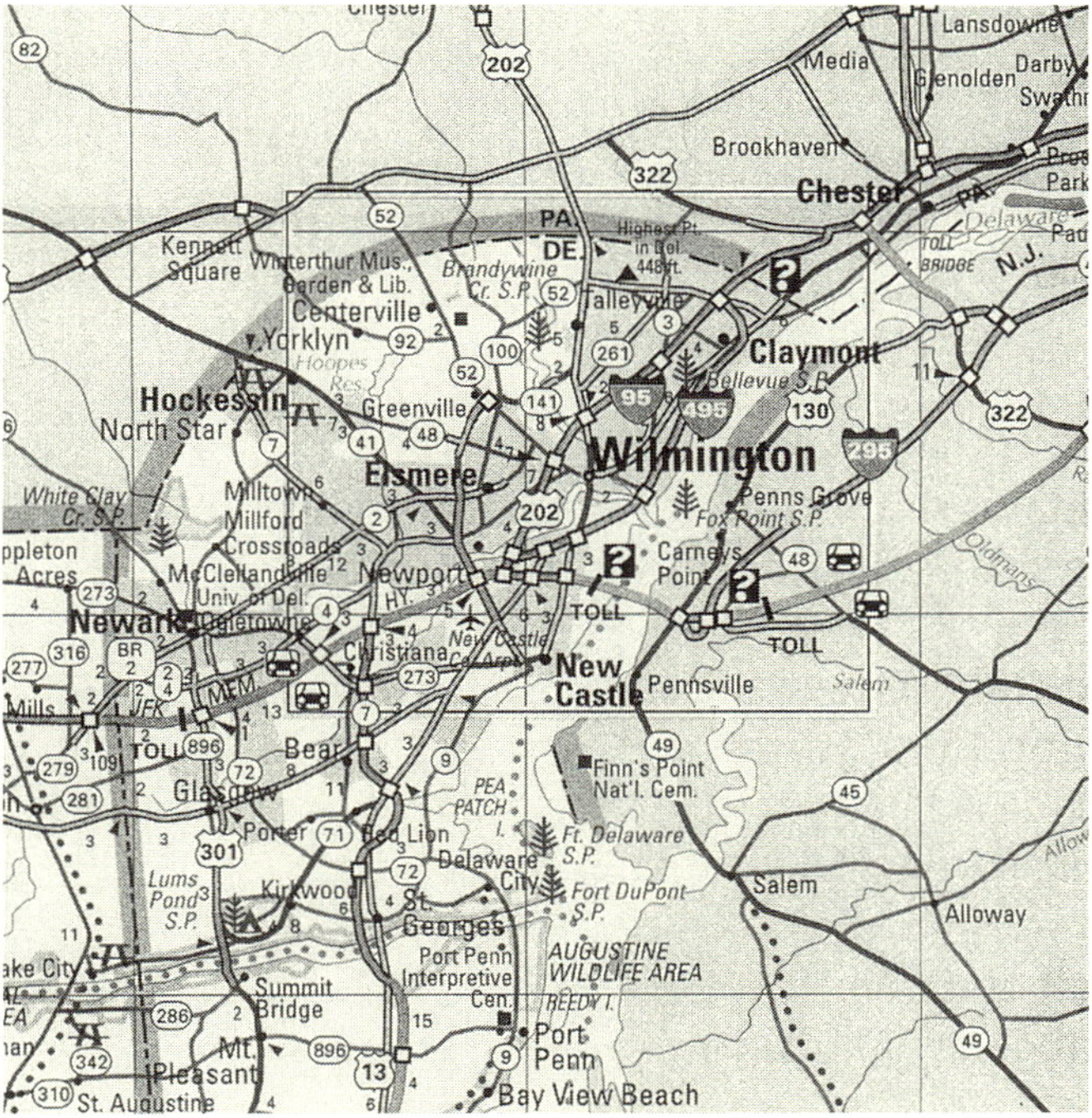

ニューキャッスルを中心とする半径 12 マイルの弧が州境。
デラウェア州地図（ランドマクナリー社）（90%縮小）

さて、自然境界の多い日本にも直線の境界はある。大阪環状線の直線区間に沿って設けられた大阪市天王寺区と生野《いくの》区の境などの小規模な直線は各地にあるが、やはり「開拓地」由来の北海道に集中している。十勝平野には碁盤目に引かれた一直線道路に沿った境界が各所に目立つが、異彩を放っているのは羊蹄《ようてい》山を中心とするエリアだ（左ページの図1参照）。このあたりは平地はそれほど広くないので、地図で見ると複雑な地形の上を境界線だけがはるばる一直線に続いているので印象的だ。

羊蹄山の山頂（正確には火口のまん中）からは直線の町村界が放射状に五本も出ているのがわかる。特に長いのは南東に伸びている真狩《まっかり》村と喜茂別《きもべつ》町の境界で、羊蹄山と尻別岳の間約一〇キロを直線で結んでいる。さらにその先もわずかな屈折を経てはいるが（おそらく境界画定後の測量誤差の補正によるものだろう）、その線の合計は伊達市の境まで約二一キロにも達する。真狩村と留寿都《るすつ》村の境界線も折れ線グラフを思わせる直線で、尻別岳―軍人山―化物山などが直線で結ばれている。

北海道の境界はアメリカと同様に「開拓地」とはいっても分水嶺や河川によるものが主流で、このようなケースは珍しい。その原因としては羊蹄山が「蝦夷富士」の異称を持つ通りの富士山型成層火山（コニーデ）の円錐形で、尾根線がはっきりしていないことが挙げられるだろう。尾根線がはっきりしないということは、すなわち細かい水系がわかりにくいことであり、また特に内陸部で住民も極端に少なく、精確な測量が行なわれる以前の大正時代に村境が定められたため

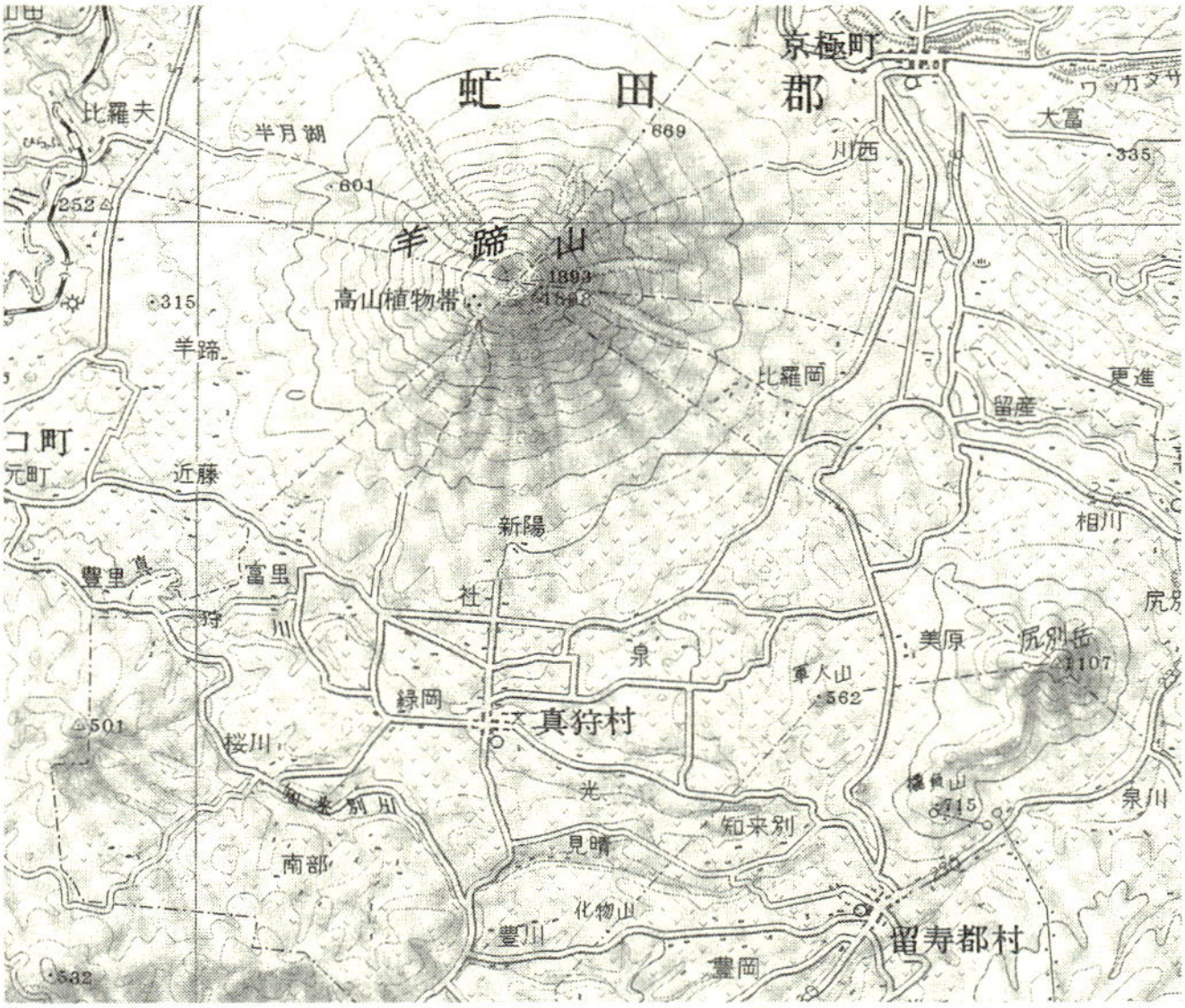

図1　1：200,000 地勢図「岩内」（北海道）（95％縮小）

に、このような境界が誕生したと思われる。

さて、石狩平野には碁盤目の道路網から見て斜めに一直線の一九キロにわたる境界があった（図2）。岩見沢市と北村の境界だが、なぜこれほど道路の区画と関係なしに境界が貫かれているか不思議なほどであるが、これは簡単なことだ。区画ができる以前、石狩川がまだ低湿地の中を蛇行乱流していたところに、エイヤッとばかりに境界を引いたからである。このあたりは泥炭地で開発が遅れ、見渡すかぎりの美田に変わったのはようやく戦後になってからだ。その境界近くにある「御茶の水町」（岩見沢市内）という地名は、飲料水を求めて井戸を掘った際に湧いた水が赤いのに驚き、お茶のような水ということから名付けられたほどだ。まさに泥炭地開発の苦労をしのばせる地名ではないだろうか。

ちなみに北村という地名は開拓の先駆者、北村雄治の姓によるものなので、「北という村」ではなく、本来は北村村とでもすべきところを「北村」にとどめた、ということだ。だからもし町制施行されれば「北村町」になったはずである。しかし残念ながらこの直線境界は、二〇〇六年の三月に岩見沢市と北村が合併したことにより消滅した。

図２　1：50,000「当別」平成８年修正

地図で観察する住所

この本の発売元である白水社の住所は東京都千代田区神田小川町三丁目二四番地であるが、これは次のように分けられる。①東京都、②千代田区、③神田、④小川町、⑤三丁目、⑥二四番地。このうち「神田小川町三丁目」は地方自治法的にいえば「市町村内の区域内の町若しくは字」にあたるので一体として考えるべきものだろうが、ここでは住所システムの成り立ちも考えたいので、あえて別々にした。順番に見ていこう。

①東京都

これは日本の四七都道府県のうちの一つで、戦時中の昭和一八年（一九四三）に東京府から東京都になった。東京府と東京市が二重では戦時体制にあって面倒だ、と軍部主導でくっつけられた結果である。東京府も三多摩（現在の二三区と島嶼部以外）は明治二六年まで神奈川県だった。

②千代田区

東京都特別二三区のうちの一つで、戦後の昭和二二年に神田区と麴町区が合体して誕生した。皇居もある「筆頭の区」という位置づけから、全国の郵便番号の起点たる一〇〇番は区内の中央郵便局管内に与えられた。なかでも皇居の所在地である千代田区千代田は一〇〇—〇〇〇一。区内でも筆頭である（郵便番号の上二ケタ〇一番は秋田県にあたるが、これは九九＝山形県の次という位置付け）。

③神田

昭和二二年までの旧神田区の町名に 付けられた冠称。ただし住居表示が実施された町には付かないので、同じ神田でも鍛冶町《かじちょう》などは付いていない。旧神田区の郵便番号の上三ケタは中央郵便局管内に続く一〇一である。ちなみに旧麴町区は一〇〇（中央局）と一〇二（麴町局）に分かれており、神田小川町の郵便番号は一〇一―〇〇五二。

④小川町

江戸時代からの駿河《するが》台《だい》南部の武家地の通称（武家地に正式に町名が付いたのは明治二年以降）で、古くは鷹匠《たかじょう》が住んでいたことから鷹匠町と呼ばれていた。それが元禄六年（一六九三）の「生類憐みの令」以降に小川町と改称されたという。将軍・殿様のスポーツであった鷹狩りでさえ町名にするのもはばかられたとは驚きだ。小川の名については本郷台地の末端部にあるこの地に湧く「小川の清水」から、という説がある。

⑤三丁目

震災復興に伴う区画整理が行なわれ、昭和八年（一九三三）には神田でも町名地番整理が大々的に行なわれたが、その際に雉子町《きじちょう》や美土代町《みとしろちょう》などの一部を合併して再編、小川町に一丁目から三丁目が設けられた。これが現在まで継続している。

⑥二四番地

昭和八年の町名地番整理でブロック地番が導入された際に付いた地番。以前は小川町四一番地だった。ブロック地番とは、外見上は現在の住居表示とそっくりな方式で、道路に囲まれた最小のブロックに一つの地番を割り振り、支号《しごう》（枝番号）で一軒一軒を区別するもの。

住居表示は（地番とは別に）ブロックを囲む道路に沿って一〇～一五メートル間隔で基礎番号（フロンテージ）を振り、玄関が面した基礎番号を名乗る（別の家でも同番号であり得る）、つまり土地所有の観点ではなく、あくまで地点の表示に徹している。これに対してブロック地番は原則として家一軒につき番号が一つで、土地を分割（分筆）した場合はその順に支号を追加する方式だ。ただし時間が経つと分筆の累積で支号が飛び飛びになりやすい欠点がある。

なお、この時期の町名地番整理の特徴は、欧米のストリート方式のナンバリング（通りの一方を奇数、もう一方を偶数の番地とする）を参考にして大通りの左右でブロック地番を奇数・偶数に分けたことで、ここ小川町でも靖国通りの北側が偶数、南側が奇数の地番になっている。神田地区ではこれが現在もそのまま継承されているため、「隣の地番は必ず大通りの向こう側」という原則を知らないと迷子になる。蛇足だが、住居表示が実施された区域では、地図に必ず住居表示の街区符号―住居番号のみが表示されるので、不動産取引などで「地番」を知りたければ、法務局で対照地図（ブルーマップ）を見る必要がある。

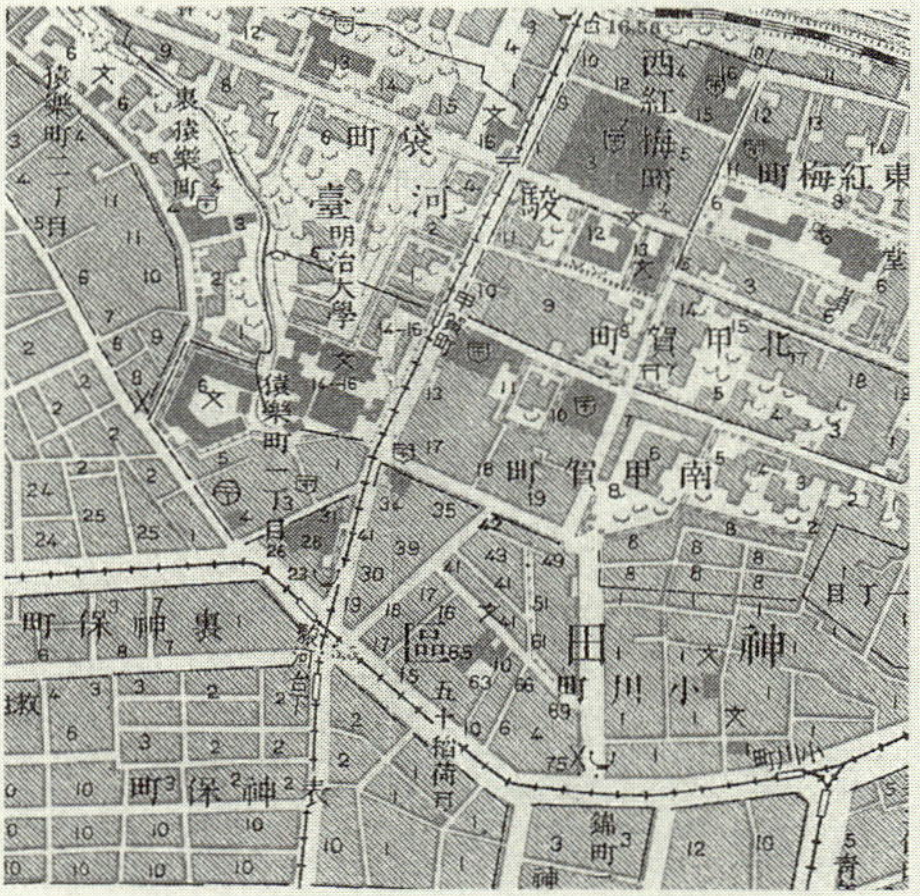

1:10,000「日本橋」大正 10 年修正

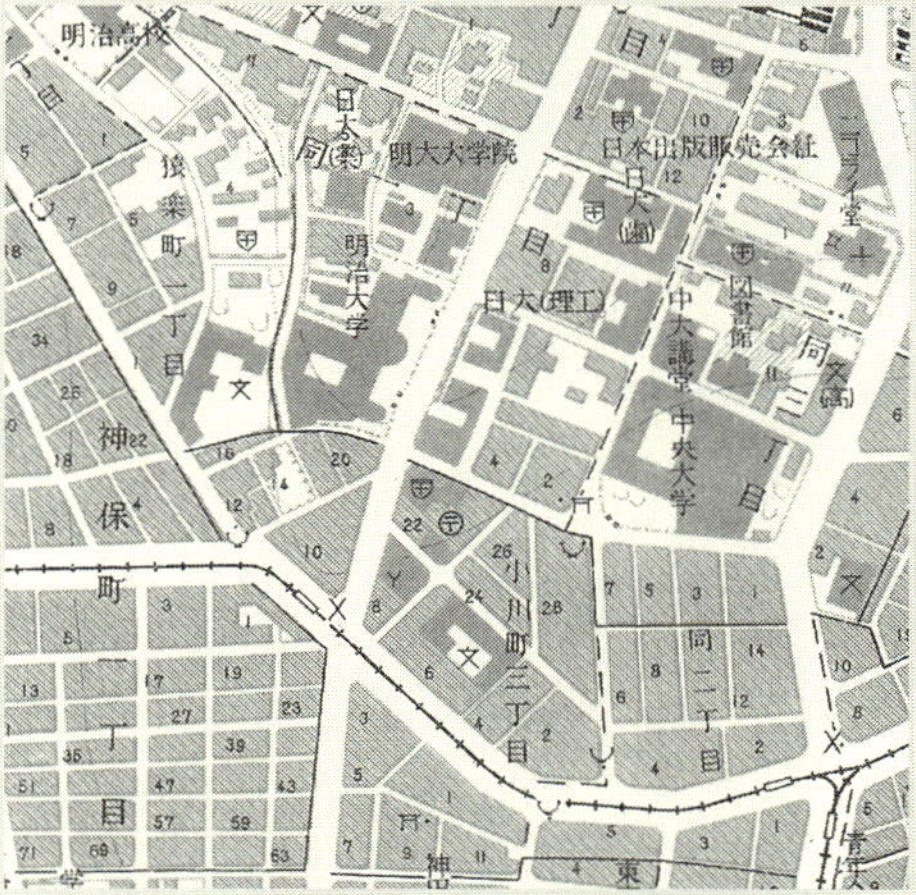

1:10,000「日本橋」昭和 34 年資料修正

さて、外国の住所はどうなっているだろうか。欧米の住所はほとんどが通りに沿って番地を表示するストリート方式であることはよく知られているが、実際の住所を見てみよう。まずはフランス国土地理院（ＩＧＮ）のパリ市内の売店。地理院以外の民間地図も含め、多種多様な地図を扱っている店だが、住所は107, rue La Boétie, 75008 Paris――日本語で書けば、〒七五〇〇八パリ市ラ・ボエシー通り一〇七番地（最近移転した）。

ずいぶんと短い。パリには一区から二〇区までの行政区（アロンディスマン）があるが、区名は書かないのが普通である。ラ・ボエシー通りはシャンゼリゼ通りから北東に入る小さな通りだ。パリの番地はセーヌ川を基準に振られており、川に並行した通りは流れに沿って数字が進み（下流側の方が数字が大きい）、川と直角の通りは、川から離れるにつれて数字が大きくなる。番地は進行方向左が奇数、右が偶数なので、一〇七番地は左側にあることがわかる仕組み。

ここまで「番地」という言葉を使ったが、厳密に言えばこれは住居表示と訳したほうが正確だろう。ヨーロッパの地籍図をよく見ると、この「左・奇数」のストリート方式の「住居番号」とともに、斜字体で別に地番が入れられているのがわかる。

西欧諸国の市街図をざっと一覧したかぎりでは、「左―奇数」が多数派を占めるようだが、東欧・ロシアへ行くと「右―奇数」が多いようで、世界共通というわけではない。しかもロンドンやベルリンなどでは、歴史の古い通りでは番地が往復形になっている場合もあるので一筋縄ではいか

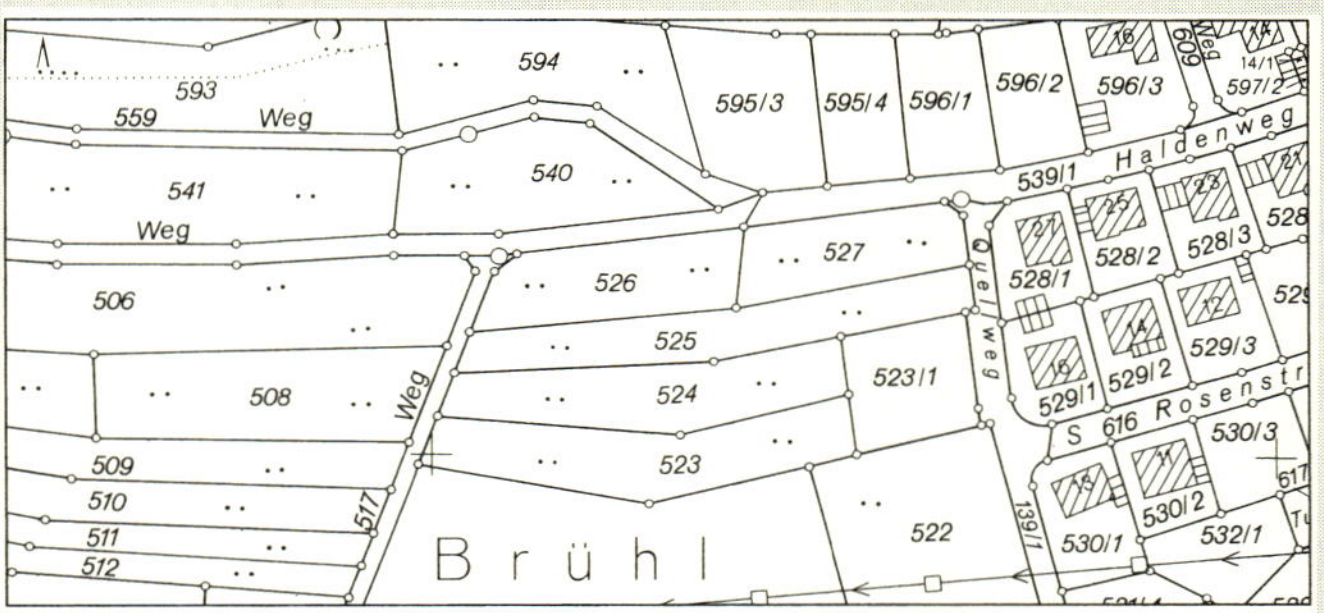

ドイツの1：2,500地籍図に表わされた地番（斜体）と住居番号（建物上に記された正体の数字）

ない。「往復形」とは、たとえば通りの右側だけ一番から順に五〇番まで進み、左側を五一番から一〇〇番という具合に戻ってくる方式。ロンドンのピカデリーやベルリンの目抜き通りクーダム（クーアフュルステンダム）などがその例だ。

アメリカでも通りの両側に奇数・偶数で番地を配するのはヨーロッパと同じだが、大きな通りと交差する地点で一〇〇番、二〇〇番、三〇〇番とキリのいい数字に繰り上げてしまうのが特徴だ。通りが途中で名前を変えることの多いヨーロッパと異なり、アメリカではかなり遠くまで同じ通り名が続くことが多いので、繰り上げ方式は場所の見当を付けるのに便利だ。これは南米の諸都市でも用いられている。

番地の並び方などどうでもよい話かもしれないが、これはこれで各国の都市政策の歴史を反映していたりするから、なかなか興味深いものがある。こんなことも大縮尺の地図で発見できる一例である。

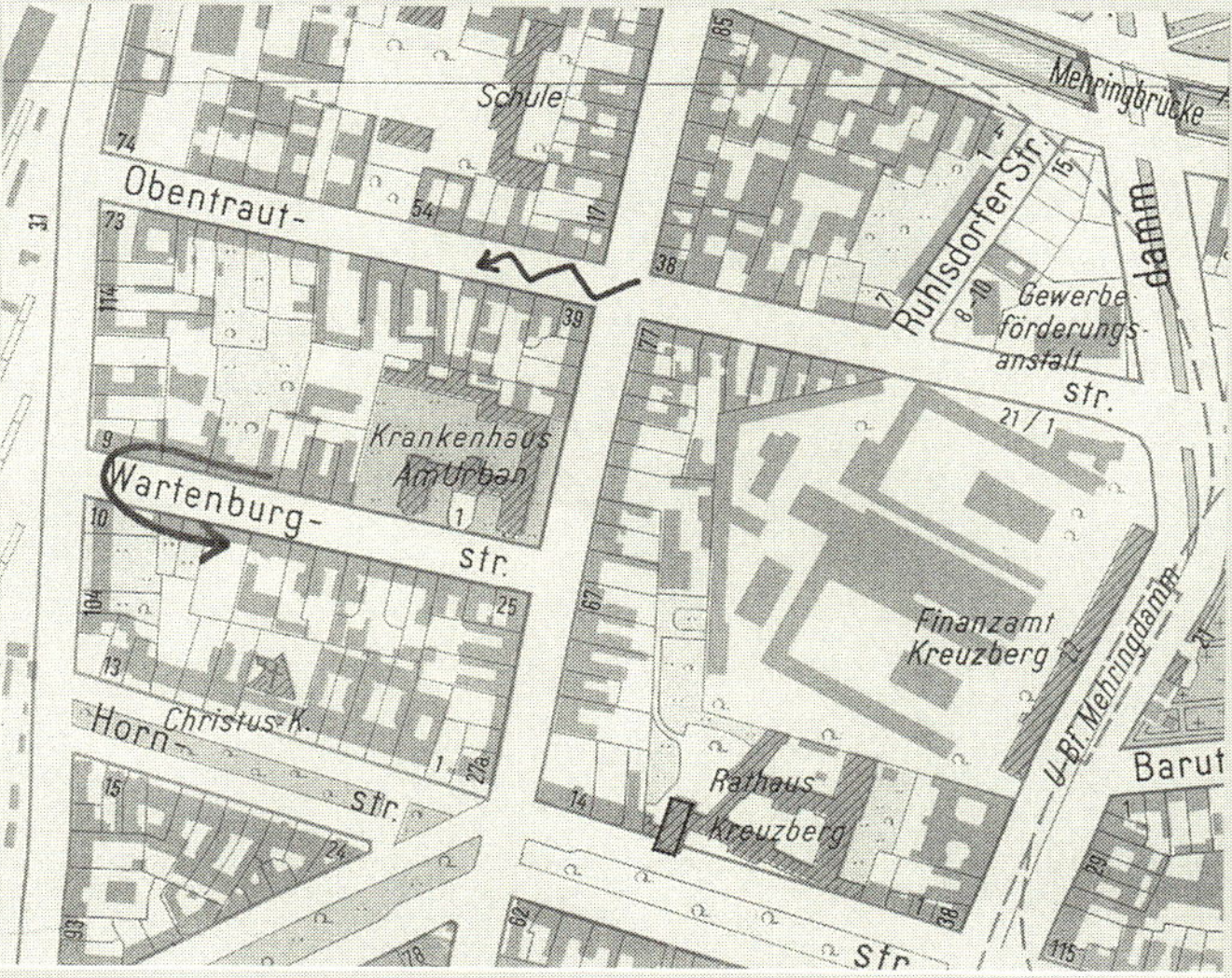

左奇数型と往復型が混在するベルリン市。
クロイツベルク区 1：10,000 地形図（80％縮小）

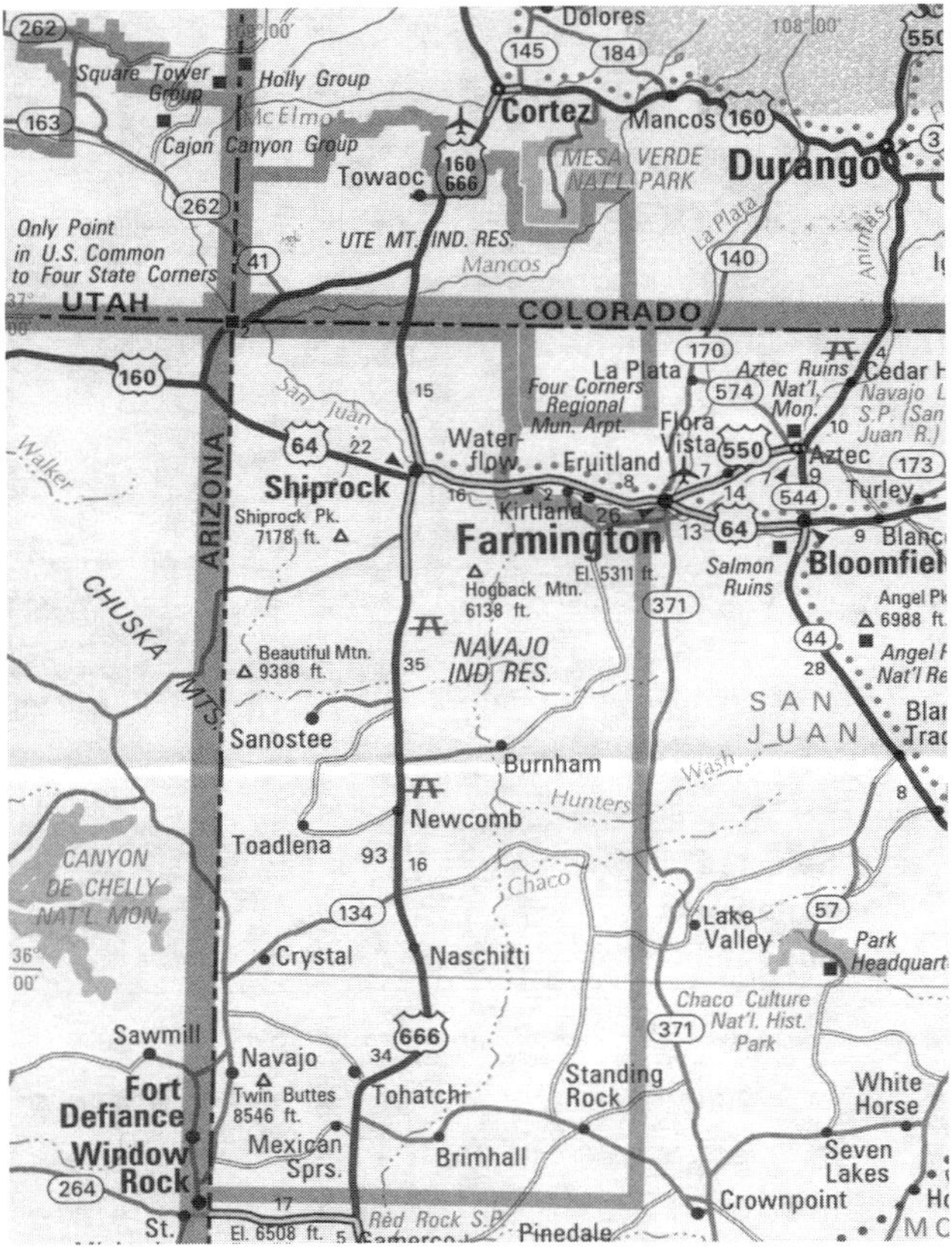

コロラド、ユタ、ニューメキシコ、アリゾナの４州が接する点。
ニューメキシコ州地図（ランドマクナリー社）（90％縮小）

4 自然の造形を鑑賞しよう

砂漠・熱帯・ツンドラ――遙かなる風景

今や北海道の代表的な観光地となった感のある富良野《ふらの》から美瑛《びえい》にかけての地域。ゆるやかに起伏の続く丘陵にラベンダーやジャガイモなどの畑がずっと広がっているので、少し高みに上れば、驚くほど遙か遠くまでの風景を見渡すことができる。背景には雪を戴いた十勝連山。そんな雄大な風景が人心を捉えているのだろう。世界中にはもちろん多種多様な「遙かなる風景」があって、まだ行ったことのない地域でも、そこの地図を飽きずに眺めていれば、まだ見ぬ絶景を想像することはできる。まさに机上旅行の醍醐味ではないだろうか。

アフリカ大陸北部に広がるサハラ砂漠は八六〇万平方キロ。日本の面積の二三倍という広大な地面が年間を通じてほとんど雨の降らない荒野である。そもそもサハラというのはアラビア語で砂漠をさす。砂漠という漢字から鳥取砂丘のような地形が延々と続いているとよく誤解されるが、砂の砂漠の地帯もあれば、土と岩の地域も多い。また、すべて平地というわけではなく、チャド北部のティベスティ山地にあるエミクシ山（三四一五メートル）やアルジェリア南部、ホガル高原のタハト山（二九一八メートル）のような高山域も含まれている。

次ページの図は地図で見るかぎり地平線が霞むほどの平らな地形で、砂漠の西部に位置する国、マリ中央部の小都市トンブクトゥの北側だ。図をいっぱいに広げないと、その荒涼たる砂漠らしさはなかなか迫ってこないが、砂をイメージする黄色に塗られ、繊細に描かれた砂の風紋のような模様がその雰囲気を伝えてくれる。

凡例を見ると、岩と砂、また動いている砂丘と定着した砂丘が区別されているので（ここは後者）、漫然と模様を描いているのではなく、おそらく空中写真を参照して細密に描き分けたのだろう。ちなみに、縮尺は一〇〇万分の一だから、一ミリが一キロ。日本の面積なら約六〇センチ四方に納まってしまう縮尺であることを知って改めて地図を広げれば、サハラの広大さがつくづく実感できるというものだ。

砂漠のまん中にずっと続いている赤い破線は、凡例によれば「ラクダの隊商路」とのこと。トンブクトゥは一一世紀頃から栄えた、かつてのマリ王国の中心都市でもあり、塩や家畜、米などを扱う隊商路のターミナル都市として発達した。赤破線の道沿いには三〇〜五〇キロ間隔で青い丸印が付けてあるが、これは井戸を意味する。ラクダをつらねたキャラバンはこれらの井戸を生命線としてつなぎながら厳しい旅を続けていくのである。

サハラ砂漠の真ん中の地図。
フランスIGN発行1：1,000,000「トンブクトゥ」（55％縮小）

次ページは同じ熱帯でも熱帯モンスーン気候（雨季と乾季に分かれる）のオーストラリア北東部、ケアンズ市から東へ一〇キロほどの、山をひとつ越えた郊外のミッション湾付近。ミッションというから、伝道に訪れた宣教師たちが名付けたのだろうか。集落にはヤラバ・アボリジナル・コミュニティと記されているので、先住民たちが住んでいるのだろう。

湾は遠浅で干潟が沖合七〇〇～八〇〇メートルほどあるようで、海中に二つ付けられた記号は難破船だ。海図でもないのにこの記号がある地形図は珍しい。陸地は熱帯特有の植生が特徴的で、右上の濃い部分はマングローブ、その南の少し薄い部分には熱帯雨林 rain forest の文字がある。そして右上の内陸部にはいかにも草が繁茂するイメージの記号で湿地であることを示している。人工的なものがほとんど見あたらないので、やはり原始そのままの緑あふれる風景なのだろう。船の残骸が横たわる干潟の先のきれいな海には熱帯魚が群れ、右手にはマングローブの林が広がっている、そんな風景を彷彿とさせる地形図だ。

ちなみに縮尺は五万分の一なので、グリッドの一マスが一キロ四方である。オーストラリアの官製地形図には欄外に月別降水量・気温のグラフが載っているので、図の地域がどんな気候であるかがわかり、旅支度には大いに参考になる。温帯から熱帯、砂漠などいろいろな気候区分にまたがるオーストラリアならではの配慮だが、考えてみれば日本でも地域によって相当な違いがあるのだから（面積の割に冷帯から亜熱帯まで広がった稀有な国！）、採用してもよいのではないだろうか。

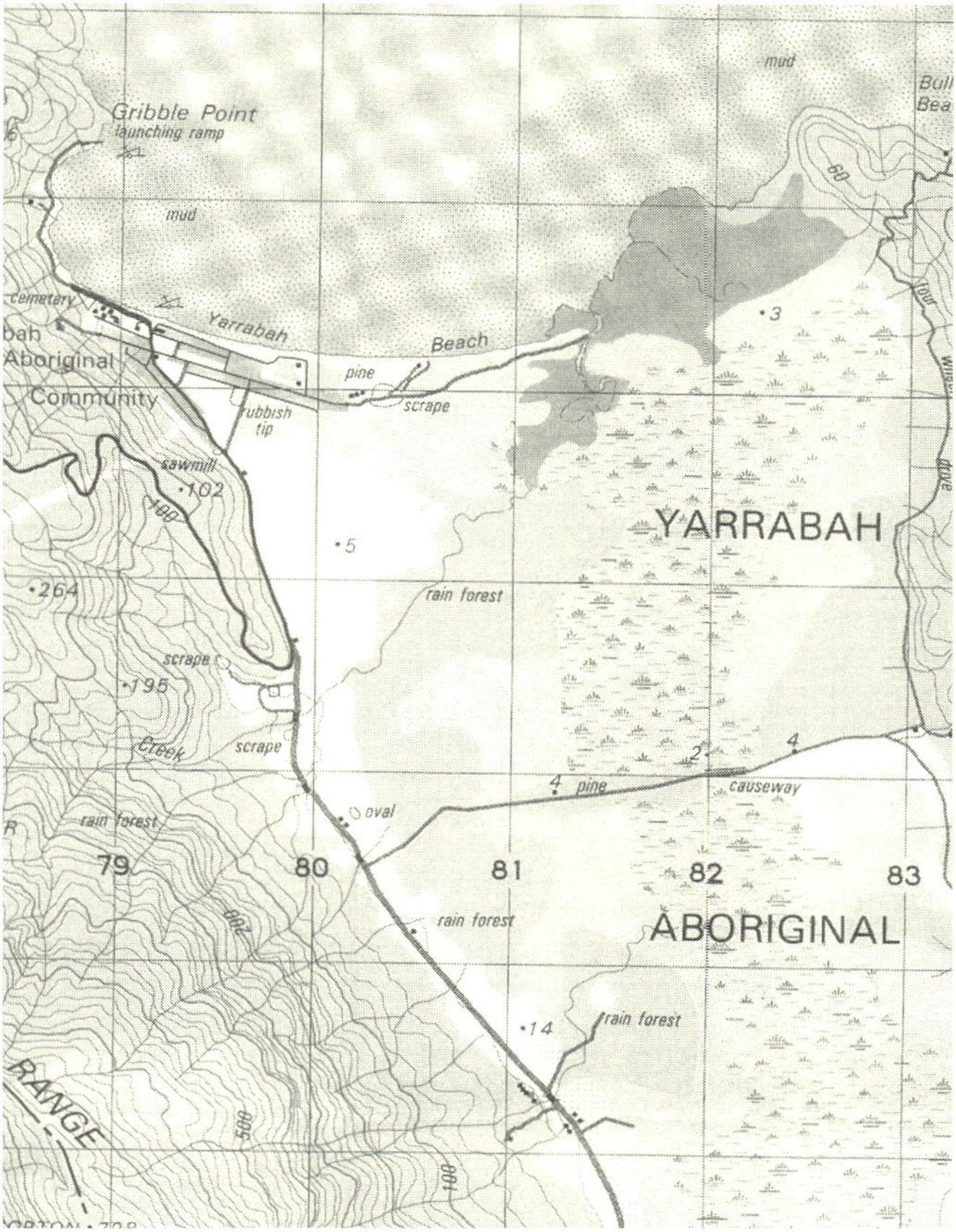

オーストラリア北部の熱帯雨林。
オーストラリア・クイーンズランド州 1:50,000「ケアンズ」(90%縮小)

次は一気に寒い所へ行ってみよう。図の北端が北緯八三度一五分の緯線だが、地球上で北緯八三度を超えているのはグリーンランド北端部とカナダのこのエルズミーア島だけだから、世界の陸地のほぼ最北端にあたる。海に細かい線がびっしり描かれている部分は氷棚《ひょうほう》（アイスシェルフ）で、ウォードハント氷棚の一部。最近この氷棚が崩壊して融けはじめ、地球温暖化を象徴するショッキングな出来事としてニュースになった。

それはともかく、北極海に面した陸地はツンドラ気候一色である。水色のグラデーションで涼しげに着色された部分は氷河で、図の範囲外には太い川のように見えるフィヨルド（氷河に削りとられた深いU字谷が沈んだ入江）が各所に見える。地面は永久凍土で見渡すかぎり木は一本もなく、夏の間は苔やわずかな草が生える程度の植生だ。それでもホッキョクグマやトナカイをはじめとする寒冷地に適合した動物が棲息している。気候は非常に厳しく、この緯度であるから夏は白夜、冬はほとんど明るくならない極夜《きょくや》が延々と続く。

いかにも涼しげな地図であるが、ざっと一万平方キロ（一〇〇キロ四方）を超す図中に集落はもちろん家は一軒もない……と思いきや、北極海に浮かぶウォードハント島という小さな島に小さく飛行場の印があり、そこに小屋が一軒だけ描かれている。誰かがこの無人の氷雪の地に常駐しているのだろうか。ちなみに、冒険家・植村直己が一九七八年、犬ゾリによる単独北極点到達の起点に選んだのは、エルズミーア島の少し西に位置するコロンビア岬であった。岬から北は北極海の氷上をひたすら北極点を目指して進んだはずだが、計算してみると一九〇〇キロ近いでは

氷の海とツンドラ
カナダ1：250,000「マクリントック入江」(90%縮小)

ないか。その偉業には改めて驚嘆せざるをえない。

地図で蛇行を鑑賞する

川の蛇行とは、文字どおり蛇がS字を描いて進むように流れることだが、河川勾配が緩い平地では蛇行している川は多い。東京都と神奈川県の境界をなす多摩川は今でこそ当てはまらないが、かつては大きく蛇行を繰り返しており、そのコースも氾濫のたびに変化してきた。地図を見れば現在でも東海道本線が鉄橋を渡る部分は逆S字型に大きく屈曲しているが、これは数少ない「蛇行河川時代」の名残といえる。

しかし、もっと目を凝らして細部を丹念に観察してみると、いくつもの蛇行の痕跡が見つかるはずだ。次ページの図1をご覧いただきたい。まず下流部から。川の中に東京・神奈川の都県境が見えるが、現在のまっすぐな流路と違って屈曲している。この部分を大正時代の地形図（図2）で見ると、確かにこの境界線が川のまん中を通っていた。

多摩川では古来洪水が起こるたびに流路が変わっており、たとえば江戸末期に編纂された『新編武蔵風土記稿』の二子村（現・川崎市高津区）の項には「水溢の度ごとに両涯がけ崩れ、屢々《しばしば》変革して隣郡瀬田の村内に入しかば、其境界の事により争論に及び」などとあり、氾濫のたびに

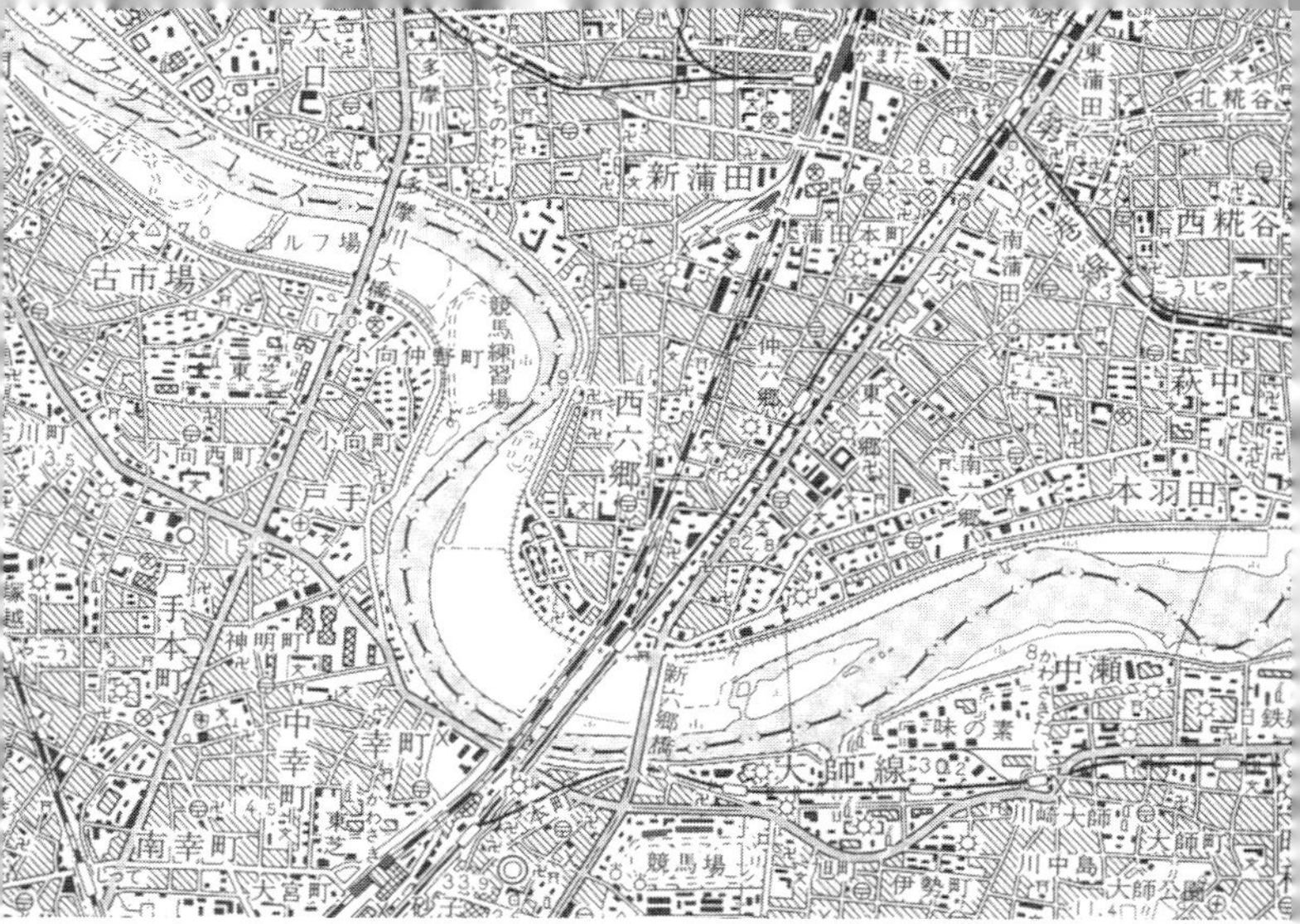

図 1（上） 1：50,000「東京西南部」平成 7 年修正
図 2（下） 1：50,000「東京西南部」大正 11 年修正

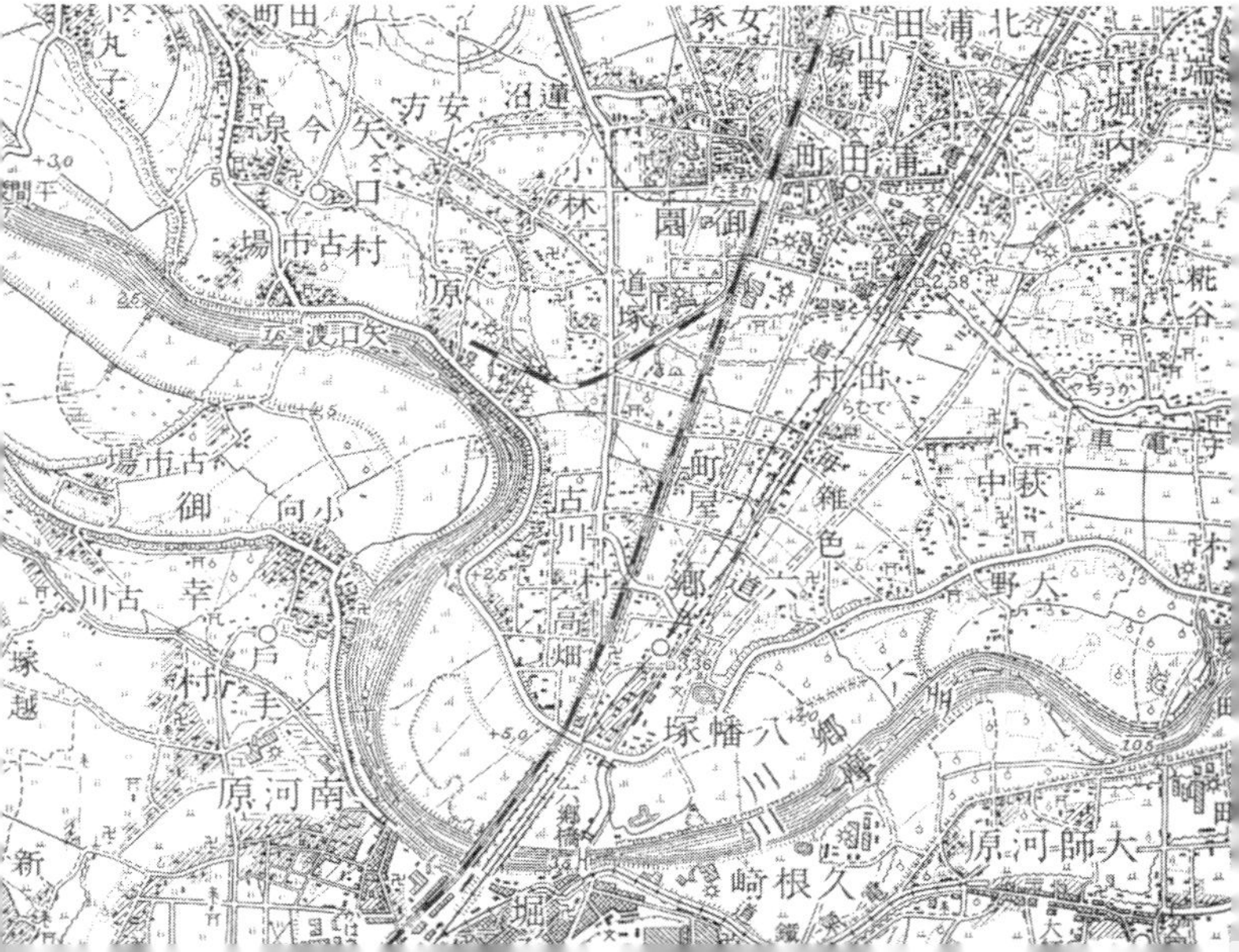

境界が乱され、これが土地争いの原因となっていたことがわかる。明治に入って府県が定められ、多摩川沿いでは北多摩郡・荏原《えばら》郡と橘樹《たちばな》郡の境界が東京・神奈川の府県境となったわけだが、当時は流れと一致している境界もあればそうでない境界も混在していた。それを明治四五年、東京府と神奈川県では一二か所にも及ぶ境界変更を行ない、流路とほぼ一致させたのである。

同じ図でさらに上流へ向かうと弧を描いた旧流路の跡をいくつも発見できる。たとえば図1の左端中央にある「古市場」の地名の下の道路は弧を描いているが、図2ではもっとはっきりしており、旧河道であることがよくわかる。このように新旧の地図で丁寧に比較するとかつて流れに沿って形成された自然堤防（川の流れに伴う土砂の堆積による微高地）上に集落ができ、このラインに沿って古い堤防や道路などが作られ、それが現在まで緩いカーブを描いた形で残ったことがわかってくる。実際に現地へ行ってみると、現在はその両側が住宅地であっても、両者の間に一メートル内外の微妙な高低差があり、改めてそこが河道であったことを実感できる場所も珍しくない。旧河道は明治期の二万分の一地形図などで観察すればさらに多く発見できるが、河道の存在した時期がまちまちなので必ずしもつながらない。ちなみに旧東海道の川崎宿もやはり旧河道に面した自然堤防上にある。

次ページの図は北海道の石狩川中流の戦前の状態である。滝川市から深川市にかけての地域だが、現在では河川改修によってほぼまっすぐ流れている。かつて石狩川の蛇行は有名で、地理の

1：50,000 地形図「滝川」昭和 33 年資料修正

教科書でもまず代表例として筆頭に挙げられていたのだが、今ではまったく姿を変えてしまった。ちなみに昭和一一年発行の『日本案内記』（鉄道省編纂）では石狩川の流長を三六五キロとしているが（戦後昭和三〇年代の百科事典でも同じだった）、現在では二六八キロと大幅に短くなっている。この間一〇〇キロ近くも短くなっているのは、ひとえに河川改修によって流れが直線化されたためだ。

　蛇行が直線化されるのは本来なら河川改修ではなく、蛇行の度がすぎてやがて洪水の際に流れが短絡されるのが自然の営みであった。その際にとり残された旧河道は三日月あるいはクロワッサン型の沼として残る。地理学的には「河跡湖」というが、その形状から三日月湖または牛角湖などと呼ぶこともあり、これは前ページの図にも認められる。ちなみにこの図を見ると、大きな川の蛇行の半径は大きく、小さな川の蛇行の半径は小さいことが、この石狩川と尾《お》白利《しらり》加《か》川《がわ》の例で理解できる。もちろん、シベリアのアムール川（中国名・黒竜江）や、トルコのビュユク・メンデレス川の蛇行の半径はより大きい。参考までに後者はドイツ語でメアンダー川と呼ばれ、このメアンダーという言葉は「蛇行」を意味する地理学用語として定着している。スペインのリアス地方の海岸がリアス式海岸（沈降海岸）、スロヴェニア・カルスト地方のカルスト地形（石灰岩地形）と同様の命名だ。

　さて、蛇行は平地の川だけというわけではない。次の図はドイツ北西部を流れるライン川の大きな支流、モーゼル川の流域であるが、その流れは雄大なカーブを奔放に芸術的に描きながら丘

ドイツ1：100,000「イーダー・オーバーシュタイン」（80%縮小）

陵部を深くえぐっている。このような蛇行のことを嵌入《かんにゅう》蛇行（または穿入《せんにゅう》蛇行）というが、太古の昔は平地での「自由蛇行」であったという。

前述のように、蛇行はおおむね下流部で河口とあまり標高差のない平地で起きる現象だ。上流部では河川勾配が急なので浸食・下刻作用が大きく、いわゆる「岩をも穿つ急流」となるのだが、蛇行の起きるような区間では勾配が非常に緩やかなので、川の水は、これまで運んできた土砂をひたすら堆積させる。ところが何らかの理由で、たとえば地球の寒冷化で極地の氷が増えて海水面が大幅に低下したり、地殻の変動で地盤が隆起（相対的に海面が低下）すると、河口との高度差ができてたちまち下刻力が増してしまう。これまで堆積に専念していた川は豹変して流路をそのまま下へ下へとえぐるように削りにかかり、丘陵部に深い谷が刻まれていく、というシナリオである。日本なら大井川や四国の四万十川《しまんとがわ》の上・中流部などが代表例だ。

モーゼル川はライン川の「支流」とはいえ日本最長の信濃川の五割増しの五四四キロもあり、流域面積は二万八二八六平方キロとその倍以上に及ぶ。図に掲載した範囲はライン川との合流点（コブレンツ市）から一〇〇キロほど遡ったところだから流れも堂々たるもので、中型船が閘門伝いに遡航している（階段状に水路を昇降する、パナマ運河が用いる方式）。右上の巾着形の下にはトラーベン＝トラーバッハ、ハート型の蛇行を経て遡ればベルンカステル＝クースの町があるが、これらはモーゼルワイン（緑色のボトルが目印）の産地として知られており、ワイン醸造所が建ち並ぶ古い街並みをもつ小都市だ。周囲には縦向きの短線記号がびっしり詰まっている部分があるが、これは主に南斜面や北の緩斜面にどこまでも広がっているブドウ畑である。

等高線に注目！

地図は起伏のある地域を平面で表わすものだから、特に山の描き方には昔から苦心してきた。「昔の地図」で一般に思い浮かべられるものといえば、伊能忠敬が後半生をかけて作り上げた正確な日本地図、いわゆる「伊能図」だろう。海岸線と街道筋は決められた縮尺のとおり正確な線が引かれているが、周囲の山は見たままの絵として、つまり上から見たものではなく側面形で描かれている。

この描き方はそれ以前の国絵図や村絵図などにも共通するが、日本以外でも山を側面形で描く地図は古くから世界中にあった。しかし当然ながら側面形はある一定の視点からの絵にすぎず、極端に言えば、丸い稜線をもつ山も別の場所から見れば三角形の山になったりするわけで、どこから見ても客観的にその形がわかる、というわけにはいかなかったのである。

一八世紀からヨーロッパで盛んに用いられるようになるのが、「ケバ」の表現である。これは細い線を傾斜の方向にびっしり並べることにより地形の起伏を表現しようとするもので、傾斜が急な部分の線は太く、緩やかな部分は細い線を使うことにより地形の緩急を表現するすぐれた手法であった（直照式ケバ）。

次ページの図1は一九世紀後半にスイスで作られた有名なデュフールによるケバ式の地図（約三八万分の一）だが、銅版彫刻の切れ味の良い工芸品的な味わいがある。この地図は従来の傾斜による線の太さの区別に加えて、北西から平行光線が差していると仮定した表現を採用した「斜照式ケバ」と呼ばれる技法で、陰の部分をより濃くすることで、より直感的に地形を把握できるようになった。この図は私がドイツ・カールスルーエの古書店で偶然見つけたものだが、周囲が切り取られて布張りされていたので発行年など詳細のデータはわからない（図はマッターホルン付近）。

日本の陸地測量部（国土地理院の前身）でもおおむね大正初期まではヨーロッパ直輸入タイプのケバ式地図を発行していた。図2は輯製二〇万分の一「東京」の八王子付近であるが、きめ細かい線の筆致だけで地形の起伏を表わす職人技が隅々にまでゆきわたった見ごたえのある作品だ。

この斜照式ケバの手法は等高線の導入以降、現在まで続く「ボカシ」で影を付ける手法に引き継がれたが、なぜ北西（左上）からの平行光線かといえば、人間にとって右手前に影が付く方が地形の凹凸を素直に読み取れるためだそうだ。自然の状態に近い、たとえば南から光を当てると、山が谷に、谷が山に見えてしまう。不思議なことだが、山間部の空中写真などを眺めていると、なぜか尾根に川が流れているような錯覚に陥ってしまうことがしばしばある。

図１　19 世紀のスイスの地図に見られるケバによる地形表現
（150％拡大）

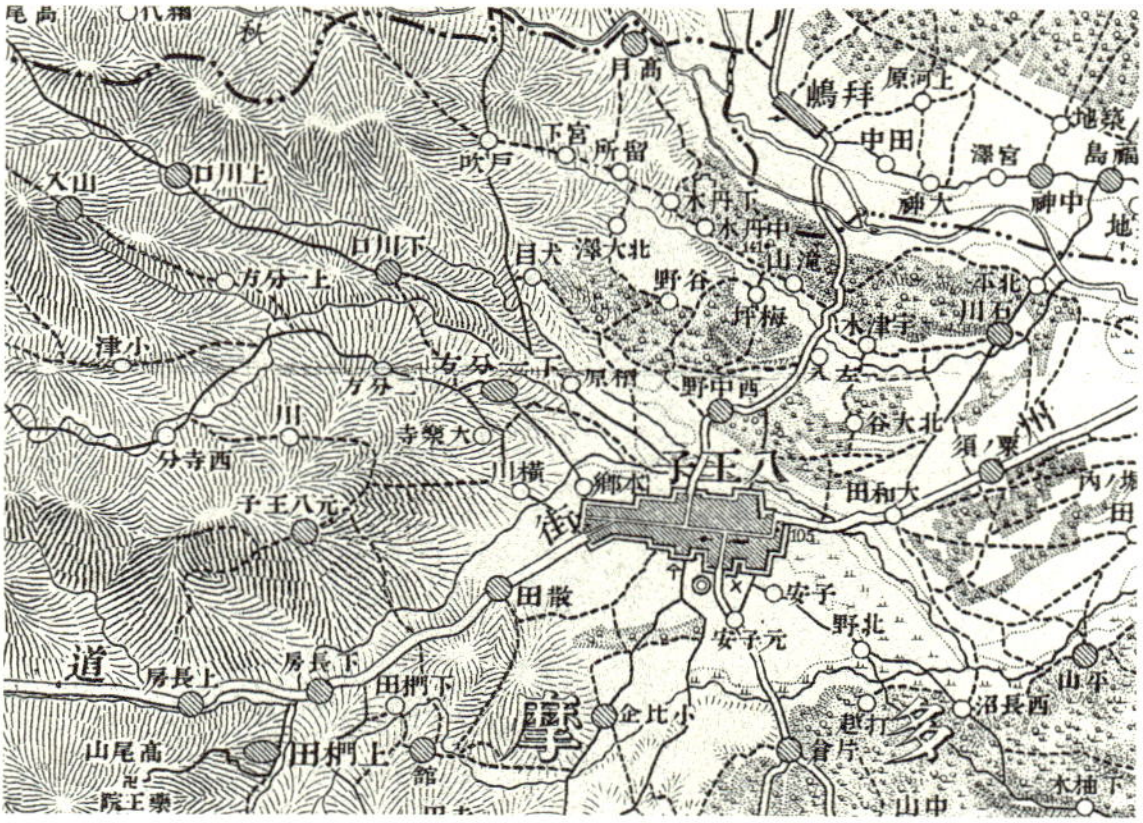

図２　日本のケバ式地形表現。
1：200,000「東京」明治 21 年輯製（73％縮小）

世界で初めて等高線を用いた地図が作られたのは一七九一年、革命直後のフランスであった。デュパン・トリエル（一七二二〜一八〇五）によるもので、文字どおり「等しい高さを結ぶ線」である。日本でも明治一〇年代の迅速測図をはじめ、その後全国的に展開される「地形図」にぴっしりと印刷されるようになった。

等高線の間隔は、山岳地域でも線と線がくっつかない程度に設定されているようだが、その国や地域によってその傾斜がどの程度かで異なってくる。日本の二万五千分の一地形図ではその間隔は一〇メートル（主曲線）で、黒部峡谷あたりの図になると乱視の人にはつらいが、ほとんどの線はきちんと表現されている。なかにはあまりに急斜面のため描くと線がくっついてしまうため、中途で線を切って省略している箇所もあるが、これはあくまで例外。ついでながら、明治一〇年代に作られた最初期の地形図である二万分の一「迅速測図」では等高線間隔が五メートルと狭かったので、多摩丘陵程度でも奥多摩の山のような急峻な印象だった。

ヨーロッパでも一〇メートル間隔は標準的だが、スイスの場合はアルプス地域だけ倍の二〇メートルになっている。国内で二重基準が用いられているわけだが、スイス国土地理院の記号説明でも「アルプス山脈は二〇メートル、ジュラ山脈や平坦地は一〇メートル」などと明記されていて、それだけアルプス地域が険しいことが理解できる。マッターホルンやモンテローザあたりの地形図を見ても等高線が特に広いという印象はないが、日本の図式ならその等高線の密度が倍

スイス・アルプスにおける 20 メートル間隔の等高線。
スイス 1：25,000「グリンデルワルト」

であることを想像すると、さすがに険しさが実感できるというものだ。フランスの二万五千も平坦地は五メートル、山岳地域は一〇メートルと異なっている。

ドイツは各州に測量局があり、それぞれ独自に等高線間隔を決めているが、平地の多い北部のシュレスヴィヒ＝ホルシュタイン州などでは五メートル、バイエルンやバーデン＝ヴュルテンベルク州などの南部は日本と同じ一〇メートルと異なる。またイギリスは低い丘陵部が多くを占めているので五メートル（一部山岳地域で一〇メートル）、オランダももちろん五メートルだが、二・五メートルの補助曲線（破線）が多用されている。

ちなみに等高線には主曲線（細線）と計曲線（太線）、それに補助曲線（破線）が用いられるが、高さを読み取りやすくするための計曲線（英語では index contor＝目印等高線という）はどの国でもキリのいい数字が選ばれることが多く、日本の二万五千分の一では五〇メートル、スイスのアルプス地域では一〇〇メートルとなっている。

なお、アメリカの二万四千分の一地形図は高さがフィート表示なので単純に比較できないが、平坦地の一〇フィート（約三メートル）から、地域の傾斜度にしたがって二〇フィート（約六メートル）、四〇フィート（約一二メートル）と間隔が適宜使い分けられている。ニューヨークなどは一〇フィート間隔なので、次ページの地図を見るとハドソン川の川沿いに断崖絶壁があるかのような錯覚を覚えてしまうが、それほどでもない。ロッキー山脈やアラスカ山脈のまん中あたり

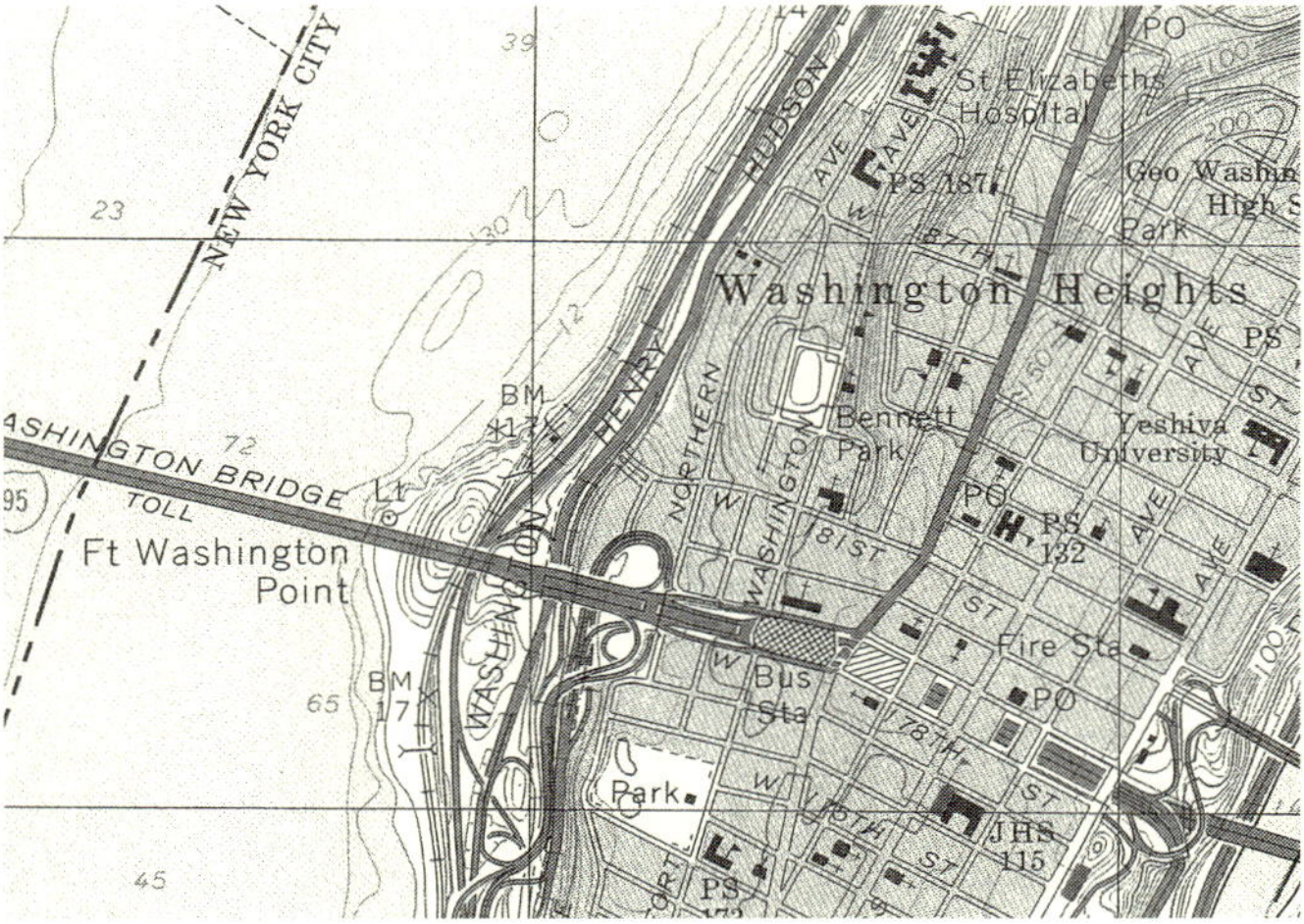

アメリカの地形図に見る 10 フィート（約 3 メートル）間隔の等高線。
米国 1：24,000「セントラルパーク」（95％縮小）

では、メートル法ではありえない一万を超える数字が頻出するが、もちろん日本人を含む多くの外国人にとっては三・三で割って考えなければならず、ちょっと不便である。

○メートルの等高線イコール海岸線と誤解されやすいのだが、これは違う。日本の地形図には「高さの基準は東京湾の平均海面」という記述が必ず欄外に記されているが（離島などはその島の海面）、海岸線は満潮時のものだ。東京の大潮時の干満の差は一メートル程度なのでそれほど変わらないが、有明海では場所によって六メートルにもなるから、○メートルの等高線（東京湾の平均海面）は地図の海岸線より約三メートルも下、ということになる。フランス・ノルマンディの世界遺産、モン・サン・ミシェルの付近などは干満の差が最大で一五メートルというから、地形図に描かれた「○メートルの等高線」は、約三キロも沖合の海の中を這い回っている。また、国によって高さの基準となる海面が異なるので、隣国の地形図と等高線がぴったり合わないことも珍しくない。意外に世界の海面の高さはデコボコしているのである。

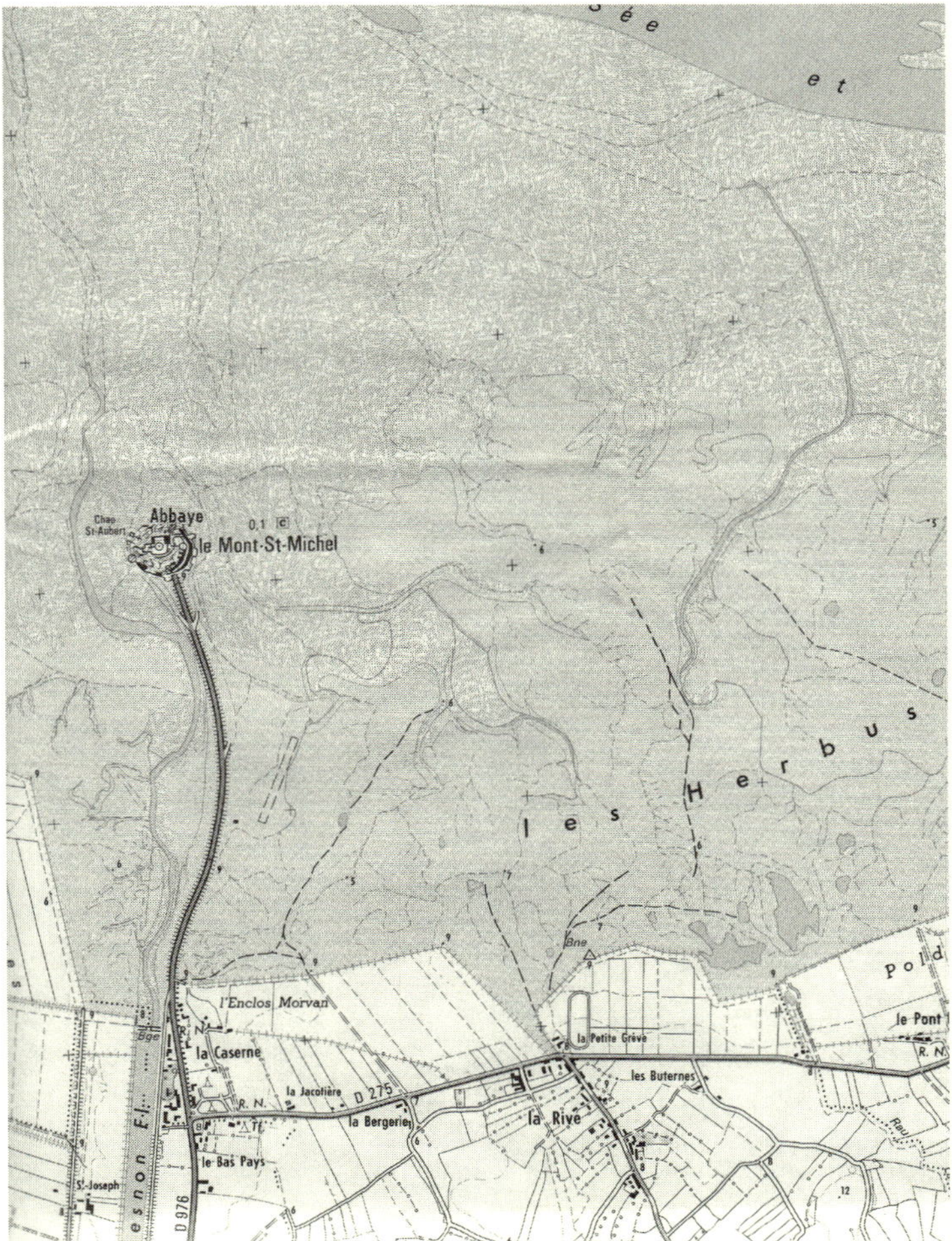

広大な干潟とモン・サン・ミシェル。
1:25,000「アヴランシュ」フランスIGN, 1990（60%縮小）

column

地図で眺める崖あれこれ

梅雨前線を台風が刺激して記録的な豪雨、というニュースをよく耳にする。地球温暖化が進んだためか、その頻度は以前より高まったのではないだろうか。雨の後に大地震が来ると崖崩れが誘発される。平成一九年（二〇〇七）七月一六日の新潟県中越沖地震でも信越本線の青海川駅のすぐ脇で崖崩れがあり、日本海縦貫の重要幹線が完全に埋まってしまった。付近は日本有数の地滑り地帯であるが、交通への影響は甚大である。

このような土砂災害があると思い出すのが、昭和六〇年（一九八五）七月に起きた長野市北方の地附山《じづきやま》で起きた大規模な地滑りである。この時には老人ホームが押し潰され、二六人もの方が亡くなった。小川豊さんという方は旧建設省で防災に長年携わってきた専門家だが、自然災害と地名の関係について調べ、『宅地災害と地名』（山海堂）などの著書を出されている。それによればヅキ・スキは「鋤きすなわち、削ったり剝いだりする削《す》き、剝《す》きである。したがって地附山とは地すべる山ということになる。土地に古くから居る人達は、俗称「地すべり山」と称していたのは正解であった。俗称地名も無視してはいけないのである」と後世への警告としての地名の意義を強調している。

これはほんの一例であるが、地名はダテに付けられているのではない。ただ、日本の地名は良

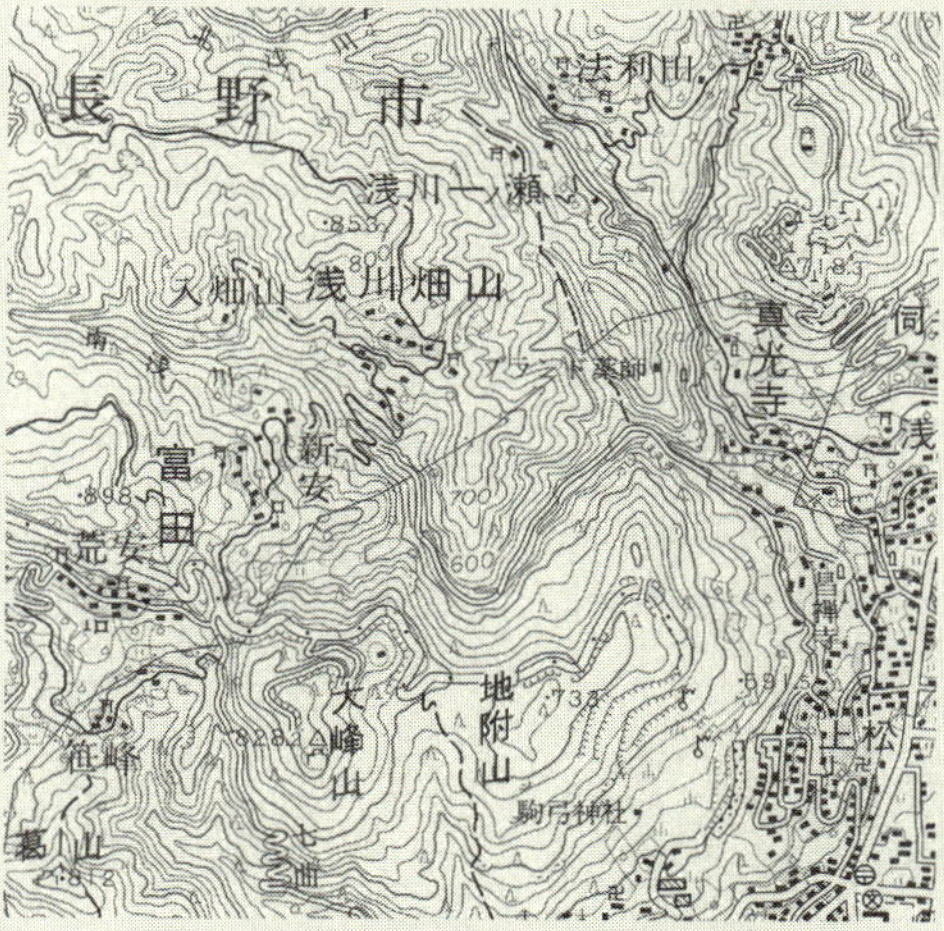

実際に崩れた「ヅキ・スキ」の地名、地附山は昭和60年（1985）に大規模な地滑りを起こした。
1:50,000「戸隠」平成6年修正

い字に変えたり、まったく別の地名に付け替えたりされるため、ご先祖様からの警告が往々にして届かないことは残念だ。

崖の地名として地名によく用いられているのはクラである。倉・蔵などの字が当てられることが多い。崖がなぜモノを収納する倉・蔵になるのかは、「当て字だから」としか言いようがない。先ほどの地附山にしても、地が附（付）くという字を使っているのに地滑りで地が付きにくいのは皮肉なものだが、「崩れずにずっと土が付いていてほしい」という願望が反映されたのかもしれない。

それはさておき、クラの地名で有名な崖といえば谷川岳の北に連なる一ノ倉岳（一九七四メートル）だろう。図2に見るように、一ノ倉岳の東側斜面は峻険を極める。びっしり連なる等高線は頻繁に崖の記号に阻まれて途切れており、図上で測ってみると、平均してもほぼ五〇度の急傾斜である。急な石段でも三〇度くらいなのだから、現地の壁のような岩を見たことがない人でもその急峻さが想像できそうだ。

一ノ倉は等高線混じりだが、岩が垂直に近くそそり立っているような場合はもちろん等高線を描くスペースはないから崖記号のみとなる、図3は島根県・隠岐諸島の西ノ島（西ノ島町）であるが、その北西側にある国賀《くにが》海岸。日本海の荒波が長い時間をかけて島を削った結果、二五七メートルの高さを誇る「摩天崖《まてんがい》」をピークとする雄大な海食崖が形成された。本来は海岸から順に線を描くはずの等高線が至るところで「岩崖記号」に断ち切られている。この摩天崖に至って

図２　谷川岳付近・一ノ倉岳東側１：25,000「茂倉岳」（115％拡大）

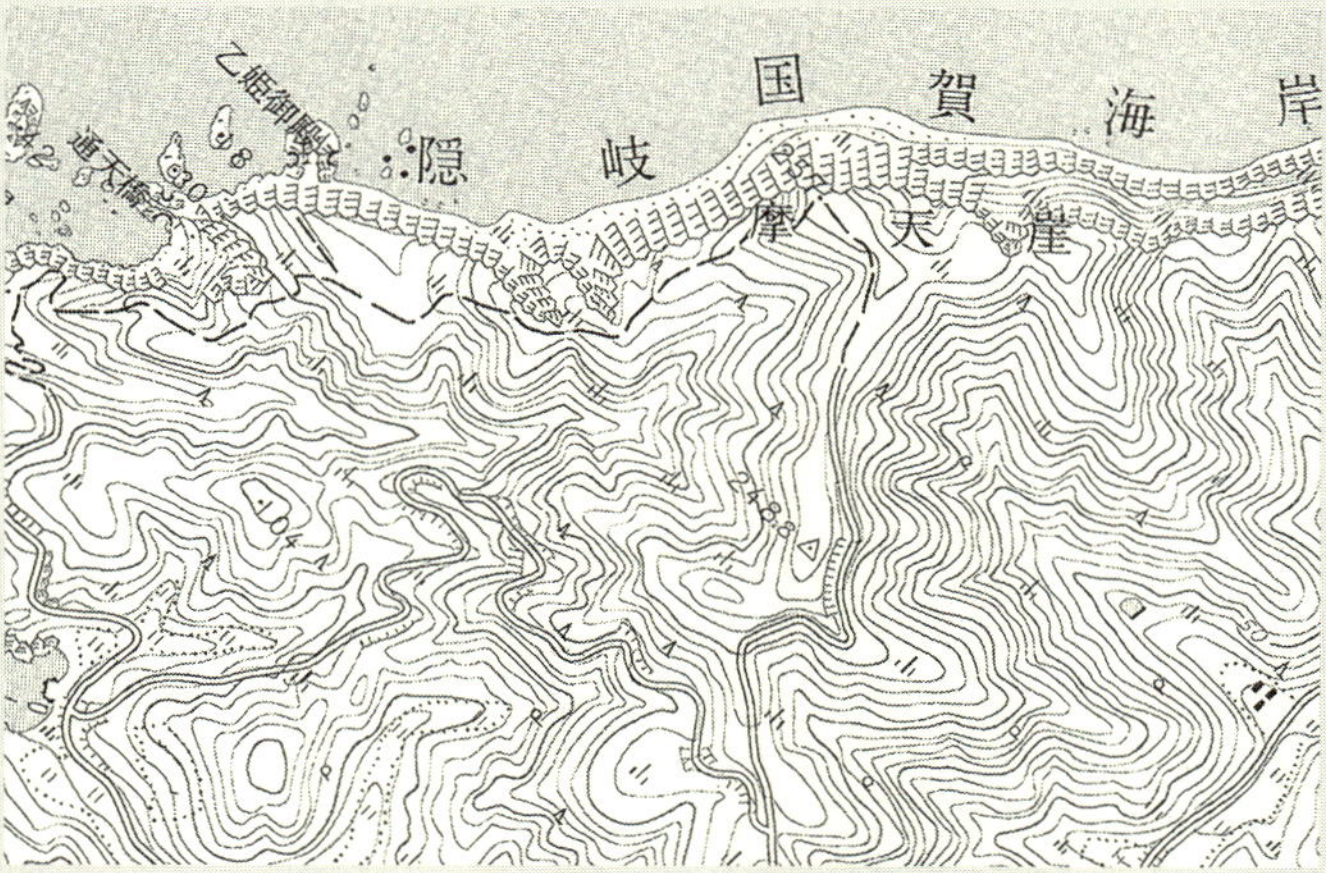

図３　隠岐西ノ島・摩天涯周辺１：25,000「浦郷」（115％拡大）

は、この縮尺なら海岸線から二五七メートルの標高点まで本来ならば二五本の等高線が描かれる高低差であることを思うと、恐ろしいばかりの断崖をあらためて実感する。ちなみにこの部分は焼火《たくひ》山《さん》を中央火口丘とする大火山の外輪山であり、摩天崖から北は、はるか昔には平均的な山の斜面がなだらかに続いていたはずなのだが。

次の図は世界でも最も有名な崖のひとつ、イングランド南部のドーヴァー海峡に面したホワイトクリフである。文字どおり白亜（チョーク［泥質の石灰岩］）の崖で、ドーヴァーの町のすぐ近くに白い崖が延々と続いている。等高線から読み取ると崖の高さは一〇〇メートル以上に及び、やはり海食崖に特有のスパッと切れた等高線が印象的だ。崖の描写は日本の地形図と異なってかなり絵画的で、現地の風景が思い浮かぶ。

また崖とは関係ないが、ドーヴァーからのカーフェリーの所要時間が「オステンド三時間四五分～四時間、カレー一時間一五分～三〇分」などと表示してあって、英国の五万分の一地形図が観光利用を主体にデザインされていることがわかる。ついでながら**DOVER**の都市名の北の黒い四角の上には古蹟用の髭文字書体で**Castle**（城）とある。モノクロでは判読がむずかしいが、これが海峡を睥睨するドーヴァー城で、その記号の右側に付いているM（m）の文字は英国環境省が保護している建物であることを示している。これほどの高い城なら、対岸のフランスもよく見えそうだ。この国の地形図は遺跡関係にことのほか詳しいが、やはり古いものを大事にするお国柄の反映だろう。

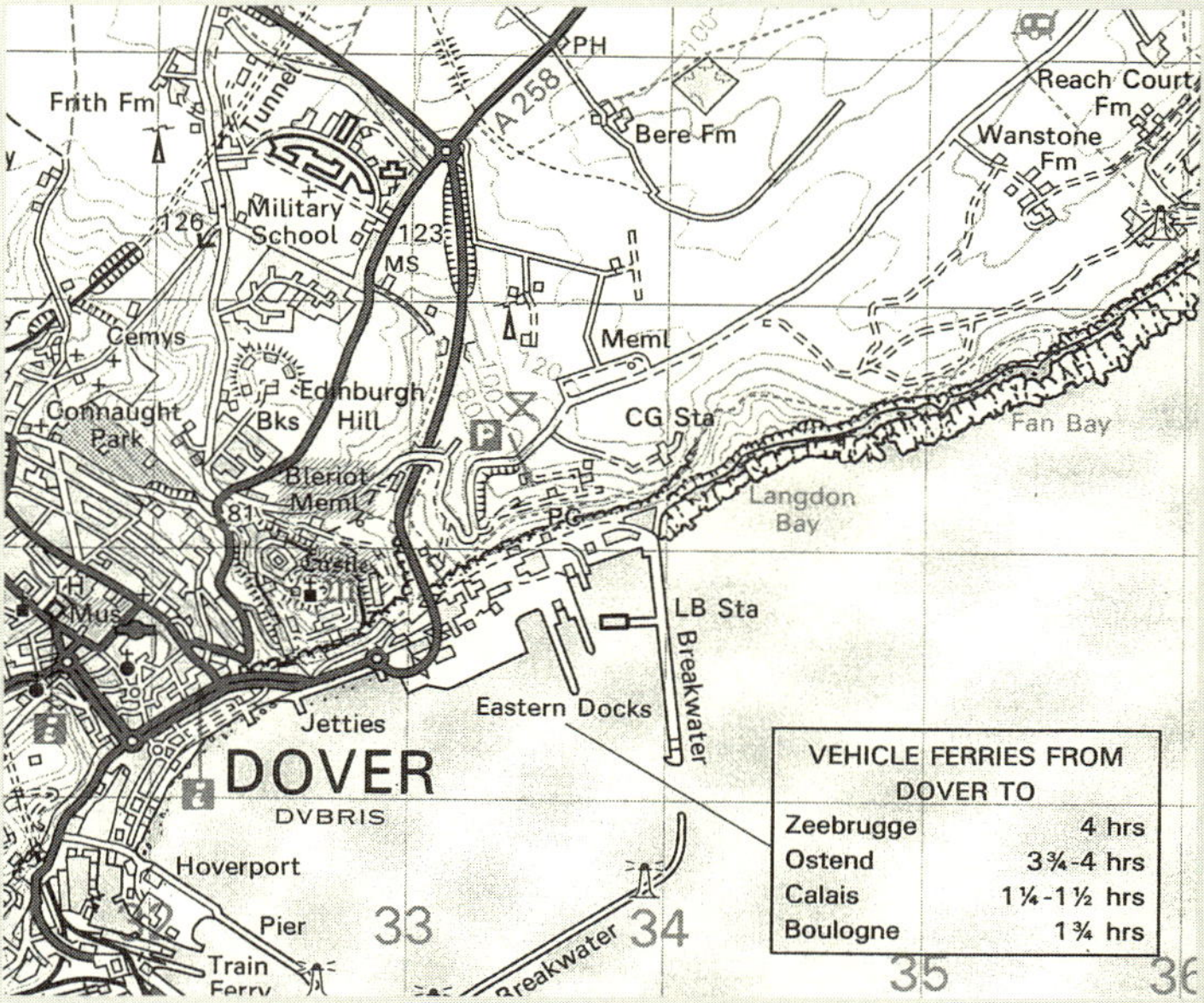

英国ドーヴァー付近の崖
1：50,000「カンタベリー＆イーストケント・エリア」

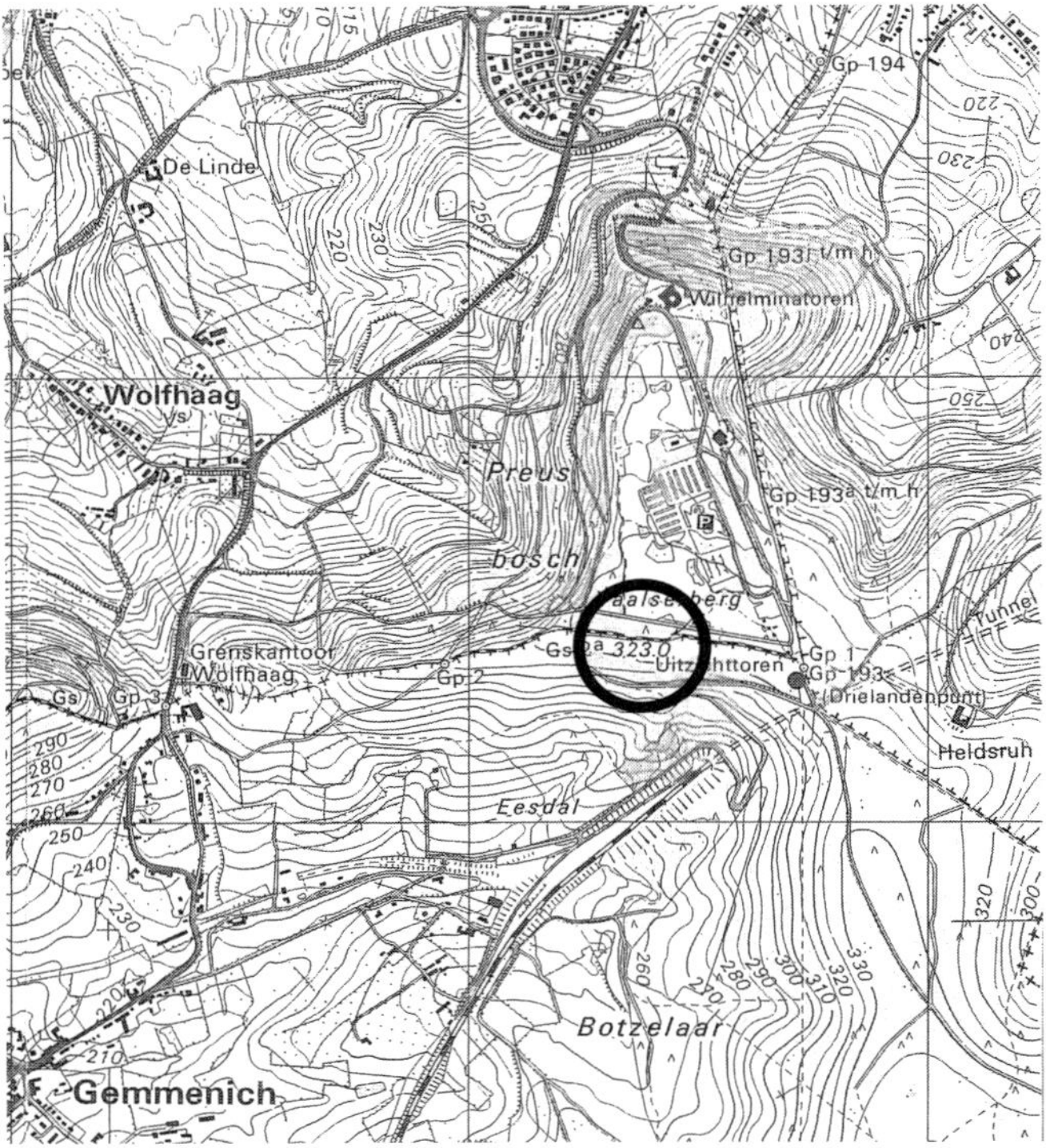

オランダ、ベルギー、ドイツにまたがる「三国山」はオランダ最高峰！
わずか 323 メートル（オランダ 1:25,000「ヘールレン」）（95%縮小）

5 地図がウソをつくとき

地図それぞれの「客観的表現」を観察する

「地図は客観的」と思っている人は多いようだ。地表のありのままを縮尺に応じてデフォルメするから、細かいことをやむをえず省略することはあっても、基本的な「事実関係」については主観をまじえず坦々と記載しているはず、と。ところが次のような地図を見せられると、その認識は揺らいでくる。

一六一ページの図1は一九六九年に台湾で出版された地図帳の最初に出てくる「中華民国全図」であるが、国都（首都）の印は南京に付いている。北京でも台北でもない、国民党政府が一九四九年に台湾に退く以前まで置いていた首都だからであろう。しかも北京（掲載範囲外）は「北平」という旧称のまま。蔣介石が一九二八年に南京に移った際に北京が北平と改称された措置がまだ生きている、というわけだ。

さらにモンゴルもすべて民国の領土に含まれているし、「琉球群島」はわざわざ拡大図が載っている。つまりは沖縄も中華民国の領土であることを主張しているわけだ。もちろん琉球王国は明治八年（一八七五）の「琉球処分」までは日本と清国の双方に朝貢していた歴史があるので、この地図表現に根拠がないわけではない。実際に現在も沖縄県民が台湾のビザ（三一〜六〇日）を取るための手続きが本土の都道府県と最近まで微妙に異なった（写真・申請書が一枚ずつ多い）のは、この複雑な過去を背負っていたからである。

いずれにせよ、この地図はかつての「大清帝国」の最大版図を戦後二四年経っても示し続けているわけだ。とにかく長い長い国民党の戒厳令下にあった台湾が「中華民国とはかくあるべき」という内容をすべて詰め込んだから、非現実的ではありながら、彼らにとっては「真実の地図」だったのだろう。

図2は私が二〇〇五年に台北《タイペイ》を訪れた際に買ってきた「中国全図」の一部である。さすがに一九六九年の地図と違ってモンゴルが「独立」し、北平《ペイピン》が北京になるなど、ずいぶんと現実的な表現になった。それでも以前から彼らが領有を主張してきた尖閣諸島・魚釣島（台湾の呼称では「釣魚臺《ティアオユータイ》（台）列嶼」）と八重山列島の間には明瞭に国境線が引かれ、「中華民国の領土」であることを意思表示している。さらに丁寧にも釣魚臺列嶼の後には「宜蘭《イーラン》縣（県）属」と所属の県名が記されているほどだ。それにしても、八重山列島がすべて「沈没」しているのはなぜだろう……。この縮尺なら十分形が描けるはずだが、はるかに小さいはずの魚釣島が載っていて、宮古・石垣・

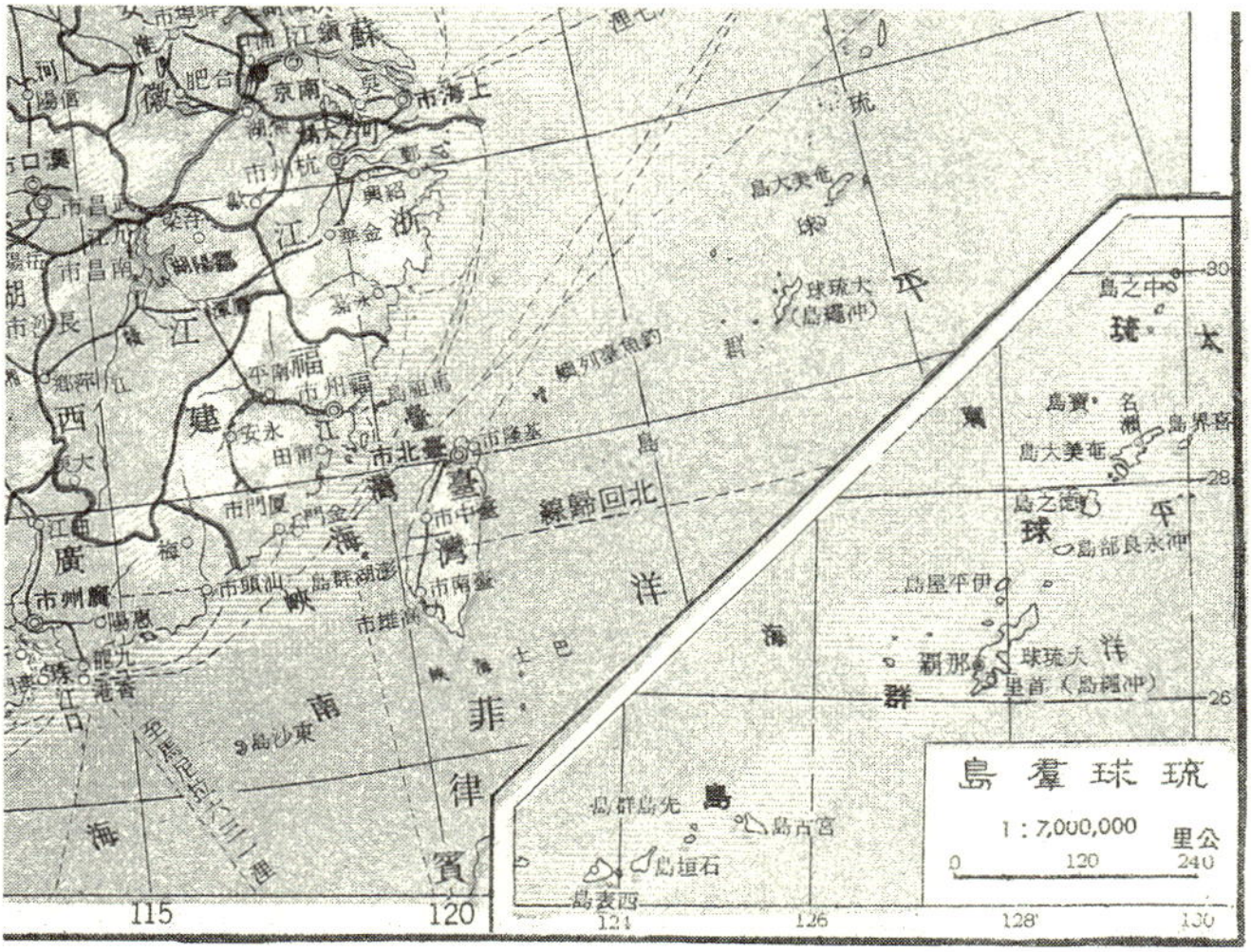

図１　戒厳令下の台湾地図帳『詳明中国地図』三友出版社、1969 年発行

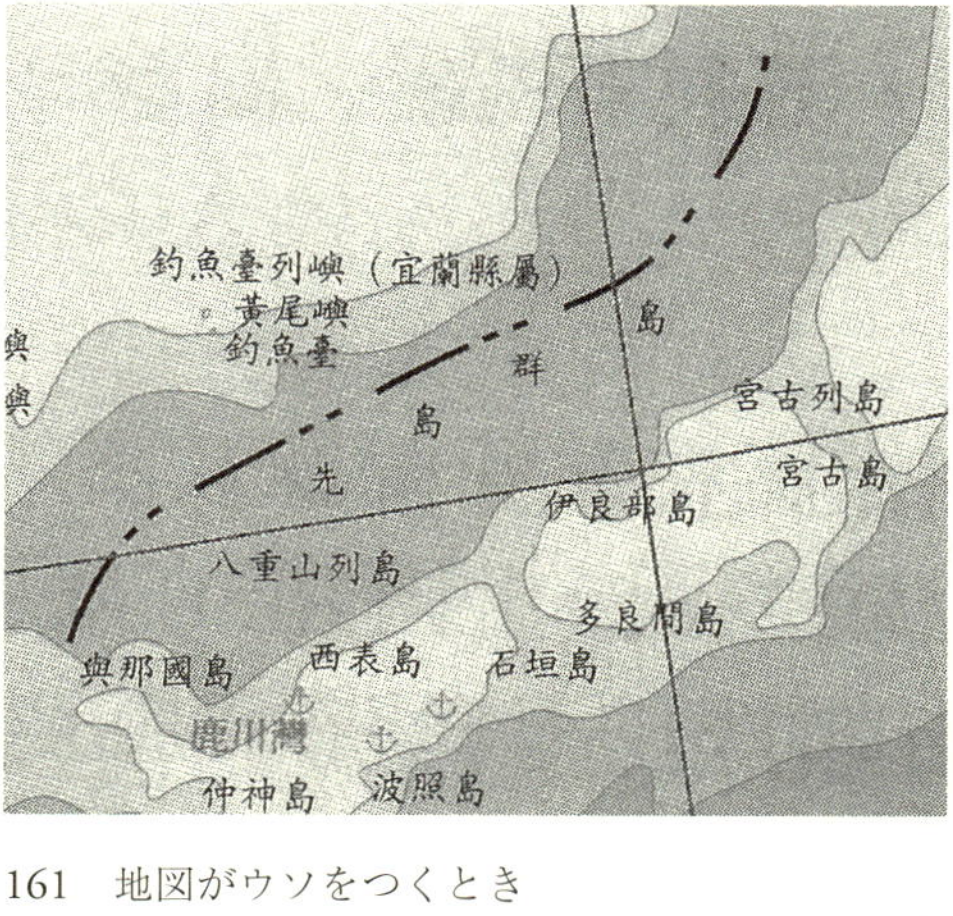

図２　台湾製の『中国全図』大輿出版社、2003 年

西表《いりおもて》・与那国の各島がすべて沈められているのだ。おそらく製版のミスか何かであって、「恨み」で消したわけではなさそうだが。

ちなみに日本の地図で「東シナ海」と表記されている海は「東海《トンハイ》」となっており、表記そのものは韓国の地図に記載された日本海を意味する「東海《トンヘ》」と同じだ。なるほど、中国の東の海と、韓国の東の海である。

そもそも東西南北は相対的なものであり、韓国が東海と呼ぶ日本海は、日本列島から見れば西や北側に広がる海だし、台湾・中国から見れば東海でも日本から見れば南西方向にあたる。中国では東海の他に「東中国海」とも呼んでおり、台湾製の地図でも東海の英語表記は East China Sea となっている。日本で言う東シナ海の「シナ」が問題、という見方もあるので、さらにややこしさがつきまとうのだが。

次は韓国の道路地図帳に載っていた見開きの世界地図であるが、朝鮮半島には国がひとつしかない。当然ながら「大韓民国」と書かれ、ソウルに首都の赤丸が付いているのみだ。韓国では建前として北朝鮮（朝鮮民主主義人民共和国）は存在しないからであり、道路地図帳の本文ページでも、さすがに北部の詳細図はないものの、小縮尺の図で北朝鮮部分を全部カバーしている。日本の国土地理院が北方領土の五万分の一地形図を大正時代の図を少々加工しただけの内容で堂々と出しているのと同様である。日本海はもちろん東海（동해）の表現。

外国の地図に描かれた日本は結構ミスが多く、その取捨選択の基準には、事情に通じていない

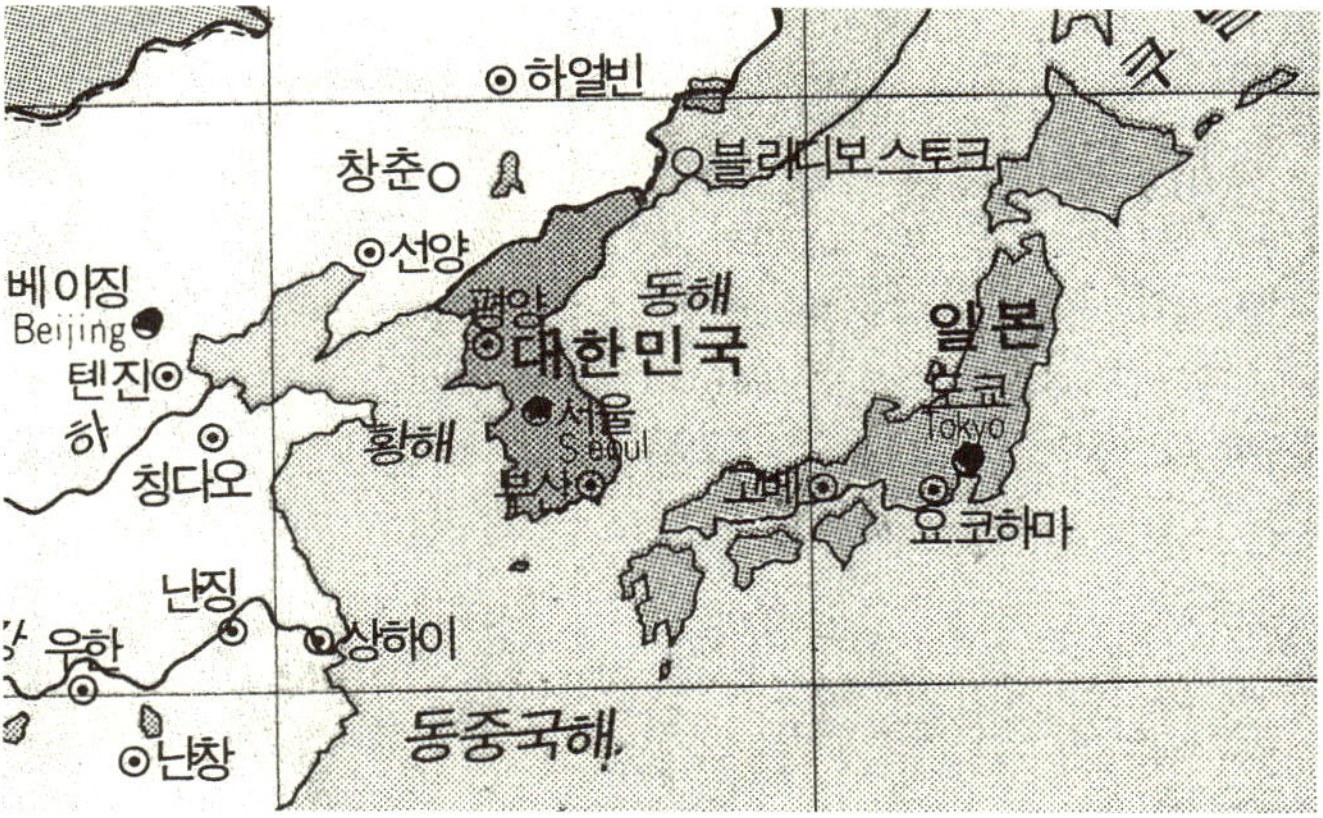

韓国の地図には北朝鮮がない。『全国道路地図』見返しの世界地図。
成地文化社、1995 年

地図製作者の悩みが反映されている。欧米で出されている地図帳類を丹念に見ていくと、必ずといっていいほど誤植が見つかるのは、やはり慣れないつづりを校正する困難さの表われなのだろうか。

次ページの図はレバノンとシリアに本拠を置く出版社が一九九〇年代に発行した世界地図の日本周辺であるが、北方領土のあたりに何となく違和感を覚えてよく見たら、国後《くなしり》・択捉《えとろふ》に加えてウルップ（得撫）島までが日本の色に塗られていた。にもかかわらず、国境線は根室海峡に引かれていてロシアの主張どおり。どういうことだろうか。また、海の国境線がなぜか奄美と沖縄の間に引かれており、沖縄本島から与那国島までの全県域がすべて台湾領となっている。もしかして、ベースにした世界地図が「中華民国製」だったのだろうか。それにしては台

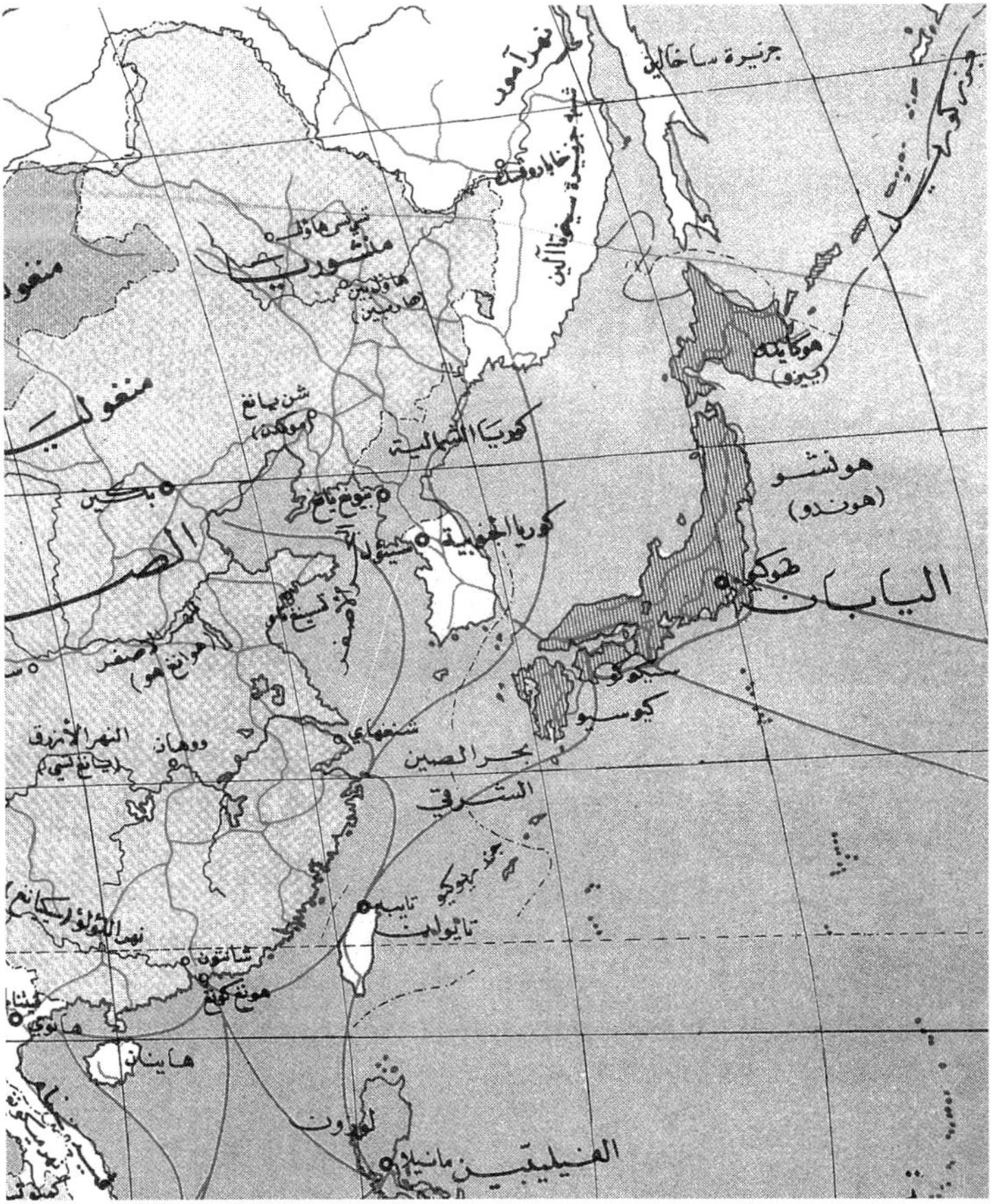

ウルップ島まで日本領なのに、沖縄は「中華民国領」！
レバノン製の世界地図

湾の色が中国本土と別の色になっているのは不思議だ。大陸と民国のどちらも承認しているのかと思いきや、中国最南部の海南島《ハイナン》もまた別の色になっているから、これは単なるミスかもしれないが。

ちなみにこの世界地図、アラブ側の作製によるものなので、彼らが認めない「イスラエル」という国は図上には存在せず、日本の地図にイスラエルとして載っている区域とパレスチナ暫定自治区の領域を併せた部分に「フィラスティーン」（パレスチナ）と書かれているのみである。また別図の南極大陸には南極点を中心とした大小さまざまな扇形の「領土」が描かれているが、これは南極大陸の平和的利用のため各国による領有を否定した一九五九年の南極条約の締約国にレバノンやシリアが入っていないためだろうか。

次ページはは昭和三〇年（一九五五）に発行された日本の高校用地図帳である。当時は日本と正式に国交のあった中華民国（台湾）の国名が明記され、台北が首都（赤い印）の扱いだが、同時に中華人民共和国の表示もあって、こちらは北京が首都になっている。しかし朝鮮半島に目を転じるとソウル（まだ京城の表記）と平壌の双方に赤い印があるのに休戦ラインは描かれていない。朝鮮戦争（一九五〇～五三）は終わったばかりだが、休戦ラインの具体的な情報が入っていなかったのだろうか。別の朝鮮半島詳細図には現在のような曲線の休戦ラインではなく、三八度線がそのまま赤い破線で描かれており、北部には朝鮮民主人民共和国（なぜか「主義」が入っていない）の表記も見られる。

昭和 30 年の日本の学校地図帳『高等地図』（日本書院）

日本の学校地図帳から「中華民国」の名称と台北の赤丸が消えるのは、田中角栄首相が訪中して日中の国交が回復した昭和四七年（一九七二）の翌年の版からだ。もちろん現在中高生たちが使っている地図帳（実は文部科学省検定教科書である）では台湾は中華人民共和国の一つの省の扱い（さすがに台湾省とは記していないが）となっており、これまた日本政府の見解を忠実に図上に再現しているのである。

国や立場によって「客観的な真実」がいかに多様であることか……。もちろん、ここに挙げたのはほんの一例に過ぎない。

地図が隠してきたもの

ドイツは一九九〇年まで東西に分裂しており、とりわけベルリンの壁は東西冷戦時代の象徴であった。統一にあたっては東ドイツ（ドイツ民主共和国）が西ドイツ（ドイツ連邦共和国）に編入される形となり、東ドイツという国は過去の存在となった。私は統一直後、旧東ドイツのエリアに新しく誕生したザクセンやブランデンブルクなどの州測量局にさっそく地形図を発注したのだが、送られてきたのは旧東ドイツ時代の地形図。しかもこの図は一般の市民は入手できなかった秘密の版で、右肩に印刷された「秘密書類」という文字の上に「秘密解除！」のゴム印が少し斜めに捺されていたのが、慌ただしい日程で統一を成し遂げた経緯を物語っているようで印象的だった。

左ページの図は記号や色づかいが旧ソ連の地形図に似ているのだが、旧ワルシャワ条約機構諸国ではスタンダードで、ポーランドやハンガリーも同様だ。ついでながら社会主義陣営のかなりの国に影響を及ぼしているようで、キューバの地形図も似た表情をもっている。図の場所は旧東ドイツでは南西端にあたるテューリンゲン州南部、バイエルン州との境界が間近なテューリンゲン山地の南斜面、ゾンネベルクという人口二万八千の小さな市である。なぜ人口がわかるかといえば、市名の下に **Kr**（28）と記されているからだ。**Kr** は **Kreis**（郡）だから郡の中心都市という意味だろう。

図上にマーカーで書き込んだように、記号と文字略号によって実に豊富な情報を載せていることがわかると思うが、入手したばかりの頃には意味不明のものが多かったので、東ドイツ時代の分厚い「図式規程」を測量局関係者から送ってもらい、それを見ながら解読した。冷戦時代にはこのような情報は敵側に知られると不都合なものが多く含まれていたわけで、一般国民が入手できる版は、これらの詳細情報を載せない、しかも工場や鉄道の操車場なども削除して現実を偽った、一見してのっぺりとした図であった。

市名の上、二つの木の記号の右に分数の表示があるが、これは書き込みのとおり、樹種と平均樹高と樹木の間隔などのデータが凝縮されており、この場合は「**Fi** ＝トウヒ（Fichte）と **Bu** ＝

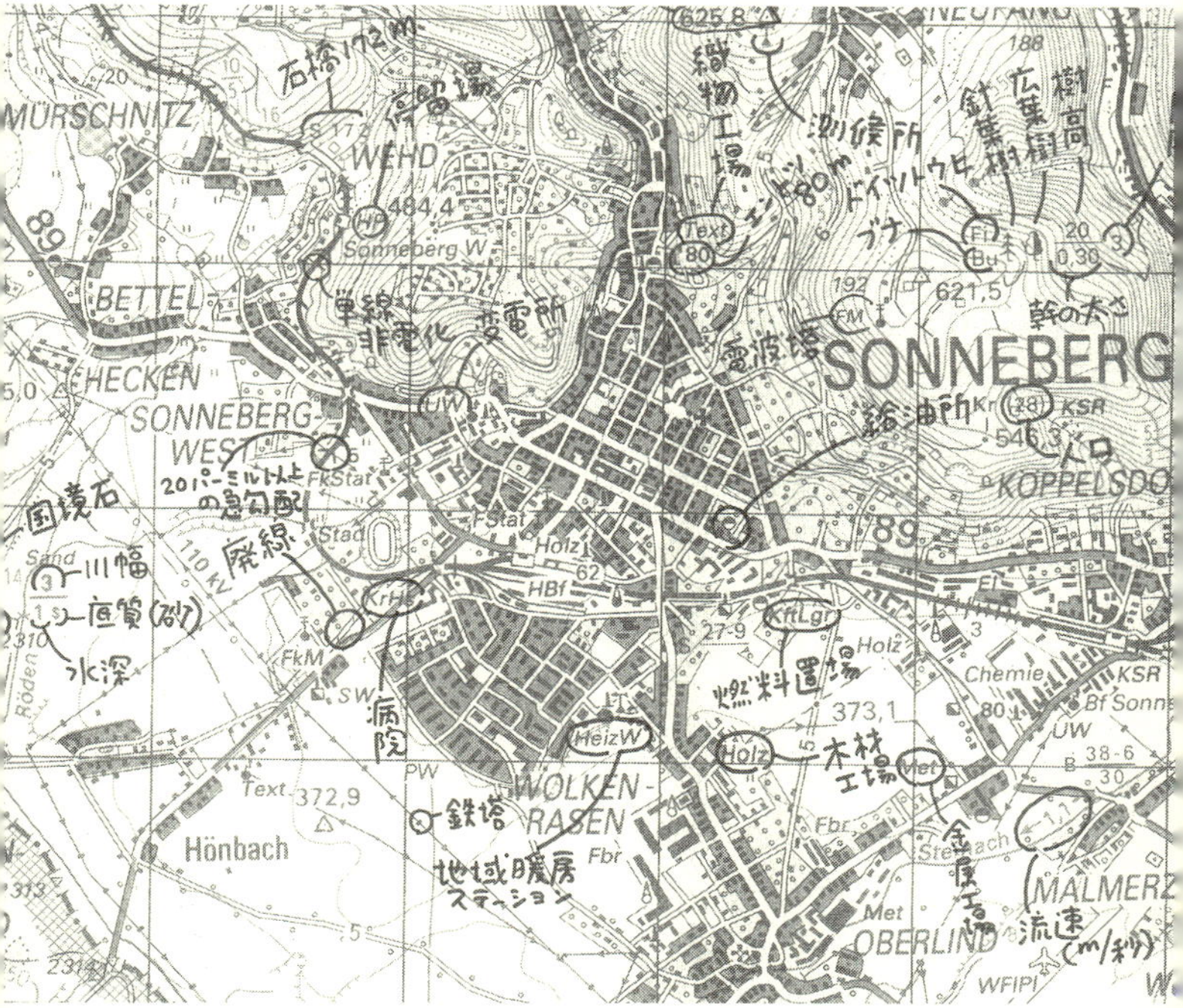

旧東ドイツ 1：50,000「ゾンネベルク」1987 年修正版（113％拡大）

ブナ（Buche）の混交林で平均樹高は二〇メートル、平均的な幹の太さは三〇センチ、樹木の間隔はおおむね三メートル」という情報だ。ある一定以上の面積の森林にはこれが記されており、その調査の労力たるや、並大抵のものではなかっただろう。

中心市街のまん中には中央駅（HBf）があるが、この鉄道は「単線で非電化」であることがわかる。単複の別は日本の「私鉄記号」と同様に太い線と交差する短線の本数で区別しているのだが、短線の先が折れていれば電化路線である。この図例にはないが、狭軌鉄道も別の記号があるし、駅も□の中に黒い四角があれば、そちら側に駅舎があることを示しているのは便利だ（日本でも戦前の二〇万分の一帝国図などで使用）。駅舎がなくホームだけの停留場（HP）は黒い四角は表示されない。

またこの線路が北西へ山を登っていく区間は二〇パーミル（一〇〇〇分の二〇）以上の急勾配であることも、＜の記号で示されている。この記号は道路にも用いられており、こちらは八パーセント（八〇パーミル）以上の区間に表示されている。また、ゾンネベルク中央駅の西側には日本の建設中または運休中の鉄道の記号に似た廃線跡「軌道のない線路敷」が伸びている。旧西ドイツとの国境の方へ向かっているから、おそらく分断時に廃止または休止となったのだろう。また、ここにはないがトンネルには坑口の高さ×幅と長さが示されており、橋梁についてはゾンネベルク西駅（停留場）の先に「長さ一七二メートルの石橋」が架かっていることもわかる。

工場関係もなかなか充実していて、何を作っているか（織物・化学・ガラスなど）、また煙突の有無とその高さ、石油やガスのタンク、倉庫や燃料置き場などの配置もわかるほどだ。また、それらを繋ぐライフラインも、送電線は電圧や鉄塔――コンクリート柱の区別、ガス管や送油管、送水管なども地上・地下それぞれ区別して表示され、調圧所などが明記してある。

旧東ドイツのアウトバーンは路面の凹凸が激しいことで有名だったが、地形図の道路は幅や車線の数はもちろん、舗装の種類（アスファルトかコンクリートか敷石か）なども表記され、アスファルトとコンクリートの境目の表示も明記されていたりして、実行より調査の方が得意だった（!）この国の性格がよく表われている。

特に橋梁は詳しく、次ページに見えるように、幅×長さ、材質に加えて耐荷重量まで明記されていて、いざという時に戦車が通れるかなどが一目瞭然だった。また船が航行する川や運河に架かる橋なら桁下の高さも明記されている。また盛土や切土の地盤からの高さ、鉄道との共用橋の構造、堰堤を兼ねる橋、可動橋など、思いつく限りの表示をしていて恐ろしいばかりだ。

河川のフェリーならその船の寸法があるし、河川の閘門（パナマ運河に見られるように、船が階段状に水路を上り下りするための装置）もそのゲート内の寸法、閘門前後の水面標高がある。堰やダムがあれば、やはりその前後の水面標高があって、どのくらいの落差があるかわかるし、貯水池では貯水量が百万立方メートル単位で示されている。

いざという時に歩兵部隊がじゃぶじゃぶと渡る川の要所には、その水深と底質（砂や泥や硬軟）、それに流速（メートル／毎秒）も表示されているなど実に徹底している。歩兵部隊といえば、戦

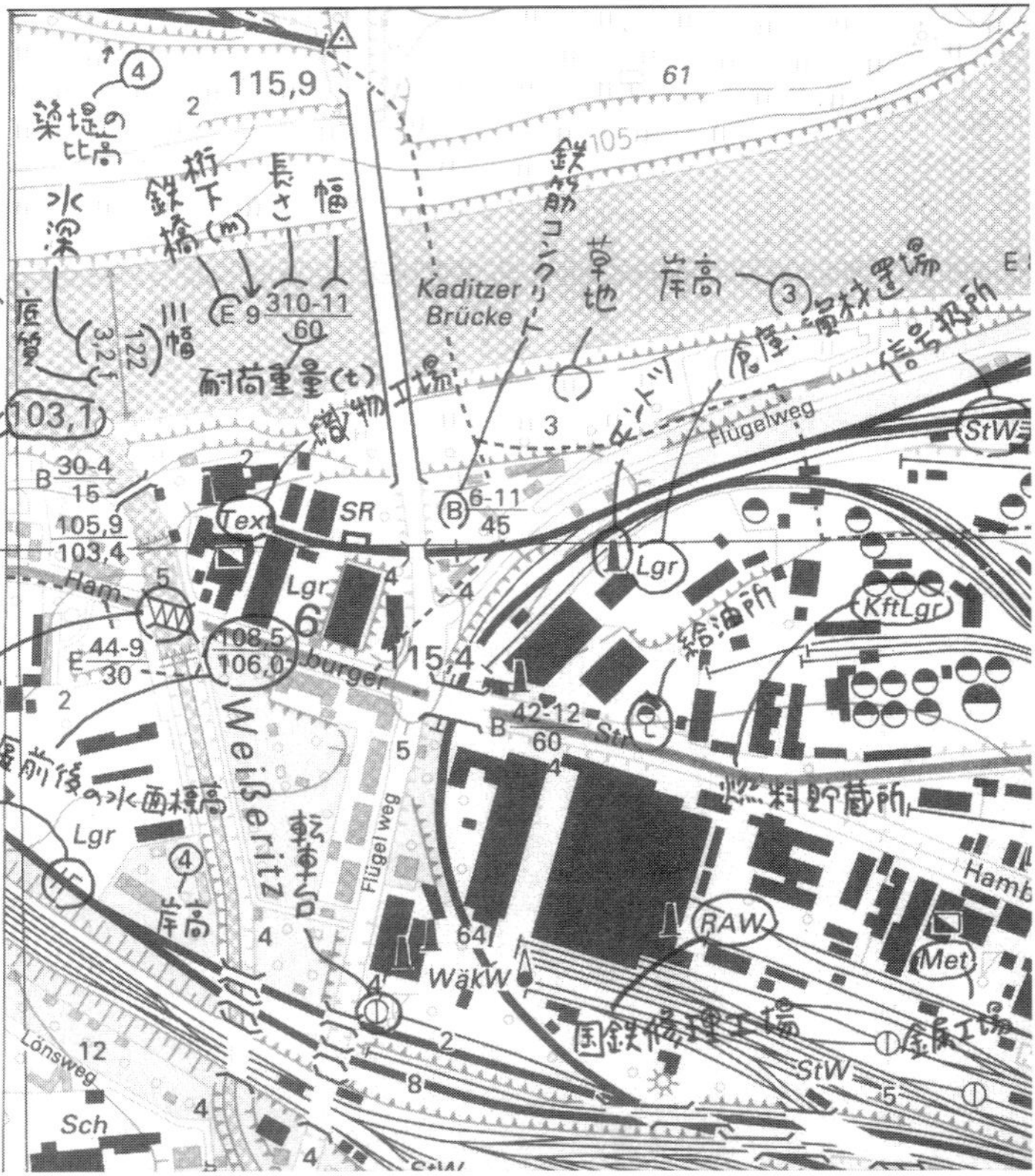

旧東ドイツ 1：10,000「ドレスデン」1984 年修正

前の日本の地形図では田んぼの記号を沼田・水田・乾田の三種類に区別していたのは、歩兵部隊が通過できるかという視点があったのだが、旧東ドイツでも、湿地に通過の可否（深さも）が表示されていて周到だ。

一七二ページの図は一万分の一で、図式は基本的には一六九ページの五万分の一と同様だが、より詳細な表現となっている。図の範囲はドレスデン中央駅の西方で操車場や修理工場などが集中している、東京でいえば品川付近のような位置付けの地区だが、機関車を方向転換する転車台や給油所、国鉄修理工場（ＲＡＷ）、信号扱所や燃料貯蔵所（石油タンク）、それに煙突などが所狭しと並んでいて、あたかも空中写真を眺めるように手に取るようにわかる。やはりワルシャワ条約機構の国としてあくまでも「秘密」を前提に徹底的な詳細表現をしたであろうことが実感できる。

ちなみにこれらの旧東ドイツ時代の地形図は徐々に新版に取って代わられており、今の版には詳細すぎる数値などは見られない。国土全域をしらみつぶしに調査し、地形図にすべて盛り込ませるような強権をもった中央集権国家ではもはやないし、ＥＵ（ヨーロッパ連合）の一員として、そんなことをしていたら非効率が過ぎて立ちゆかないのだ。おびただしく存在したであろう「調査員」たちは今、どんな生活を送っているのだろうか……。

一般人に情報を知らしむべからず、という地形図は日本にもかつて存在した。一七六〜一七七ページの二つの五万分の一地形図「青梅」をご覧いただきたい。どちらも戦前の昭和一二年修正版なのだが、右が一般人が入手できなかった秘密版、そして左が一般公開されていた版である。

まず村山貯水池（多摩湖）と山口貯水池（狭山湖）に注目していただきたい。右は現在と同じように湖になっており、左はなんと「草地」だ。上野の不忍池を終戦直後の食糧難の時代に埋めて畑にしたという話は聞いたことがあるが（実際に終戦直後の空中写真を見ると一部を除いて畑になっているのがわかる）、左の図はまさにウソが描かれているのである。つまり、これらの貯水池は「帝都」に上水を供給する重要な施設であるから、ここを狙われたら大変なので敵の目を、さらには国民の目も欺いた、ということのなのだ。同様に、新宿駅西口の現在は超高層ビルが建ち並ぶ一画にあった淀橋浄水場も、当時は「公園」（現在の西口公園とはまったく関係ない）として地形図に表わされていた。ついでながら、民間出版社が発行する淀橋区（新宿区の前身）の市街地図にも、国の地形図のとまったく同じ「ウソの公園」が描き込まれていたのは言うまでもない。もし浄水場を勝手に描いてしまおうものなら、発行停止はもちろん、責任者は当局に連行され、無事には帰って来られなかっただろう。

さらに一七六ページの図の右の方には所沢の市街地の北に陸軍の飛行場が描かれているが、一七七ページの図では雑木林とそこを通る細道、それに樹木に囲まれた住宅地があるかのような修正が行なわれている。これらはいずれも昭和一二年（一九三七）に改正された軍機保護法に基づいた「戦時改描」であり、その対象は浄水場や飛行場だけでなく、師団や聯隊その他の軍事施設はもちろん、鉄道の操車場や機関庫、製鉄所や造船所などの重要な工場、発電所およびそれに関連する送水管やダムなどさまざまな分野に及んでおり、鉄道にしても立体交差地点はわざわざ平面交差のように改描された（立体交差の橋桁は攻撃目標として効果的である）。

地図にとどまらず、当時は鉄道の駅名さえも、たとえば横須賀軍港駅が横須賀汐留駅（京浜急行現・汐入《しおいり》駅）、師団前駅が藤森《ふじのもり》駅（京阪電鉄）、村山貯水池駅が狭山公園前駅（西武多摩湖線）、航空廠前駅が三柿野駅（名鉄各務原《かがみはら》線）のようにおおむね昭和一三年（一九三八）から三年くらいの間にことごとく改称されている。ちなみに、皇室用地については軍機保護法改正のはるか以前から改描ではなく「空白」とする措置がとられていたし、さらに鎮守府所在地や海峡などの要塞地帯に関しては、当該区域の地形図の一般刊行そのものが戦後まで行なわれなかったほどだ。

地図というものは一般に「地表のあれこれを、定められた図式に従って図化するもの」、と解釈されているが、ここにご紹介したような地図の作り方が時と場合によってはなされた歴史的事実があり、また現在も行なわれていることを考えれば、地図の作製者がいつも読者に対して「真実」を提示しているとは限らない、ということがおわかりいただけると思う。

図１　1：50,000「青梅」昭和 12 年修正（60％縮小）

図２　1:50,000「青梅」昭和 12 年修正（改描されたもの）（60％縮小）

タブーだった皇室用地も、今はかなり詳細に描かれている

皇居の地図？　見たことないね、という人が多いようだ。ほとんどの人にとって縁のない場所だから詳しい地図が目の前にあっても注目せず、そういえば全部緑色に塗ってあるんじゃないの、くらいの反応がせいぜいである。

しかし吹上御所や宮中三殿がどんな形をしていて、どの場所にあるというのはたいていの民間地図を見ればわかる。さらに国土地理院の一万分の一地形図の「日本橋」などを見ると、こんなに詳細に描写していいの？　というほど皇居内の地形や小径、小さな四阿《あずまや》に至るまで（おそらく）忠実に載っている。

これを明治時代の五千分の一測量原図（日本地図センターから復刻市販されている）と比べてみるとじつに興味深い。明治一六年（一八八三）には現在の吹上御所から南側にかけて広大な馬場があった（次ページ）。

洋ナシ形で七〇〇メートルほどの外周をもっており、明治天皇もここで威厳を持って白馬に乗る練習にいそしまれたのであろう。いつ廃止されたのかは知る由もないが、自動車時代になり、乗馬の機会がなくなったからなのか、昭和の戦後はずっと森だったようだが、平成への代替わりの際に、新御所がかつて馬場のまん中あたりに建設された。

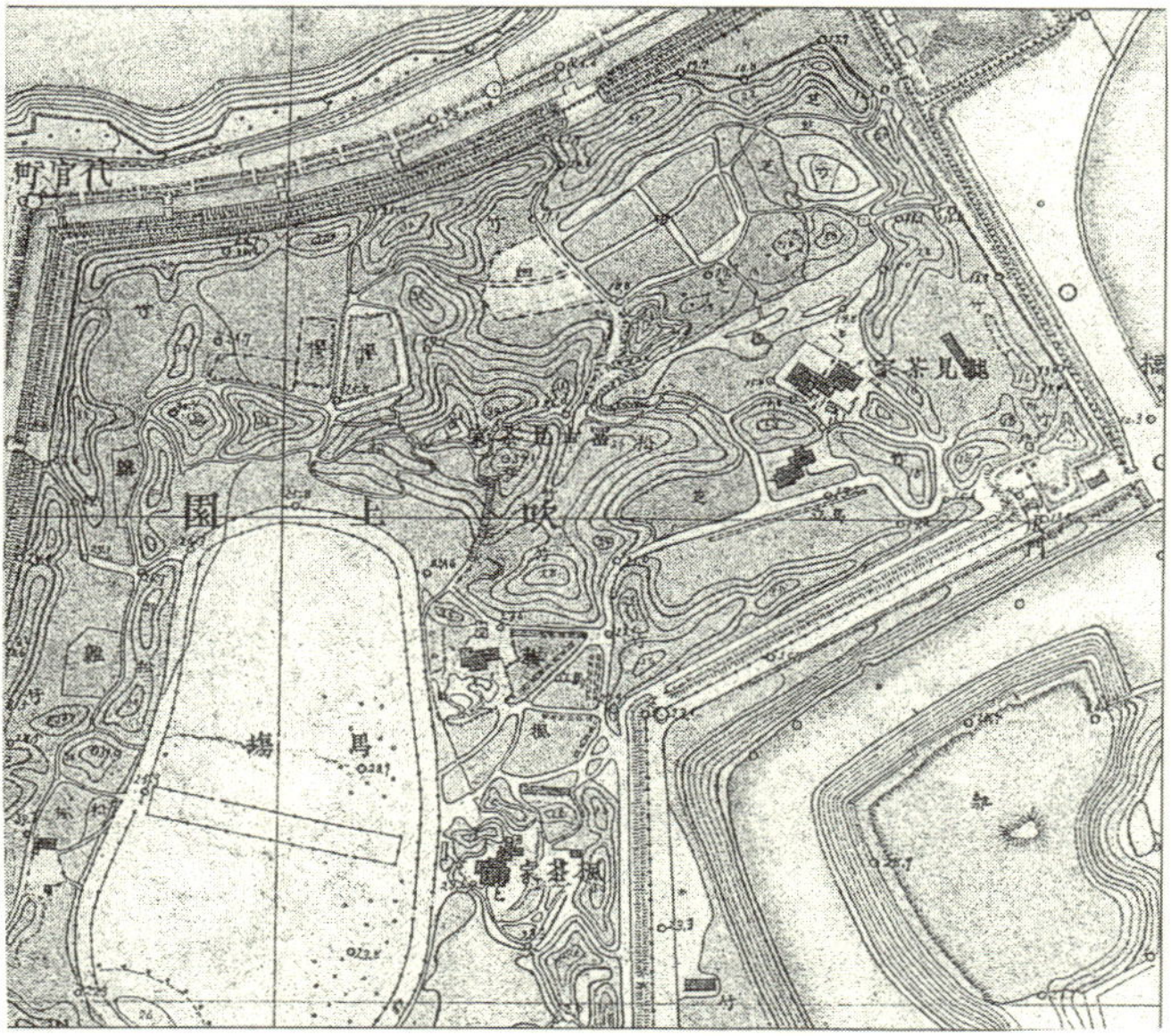

1：5,000 東京図測量原図より第 19 図（明治 16 年測量）（75%縮小）

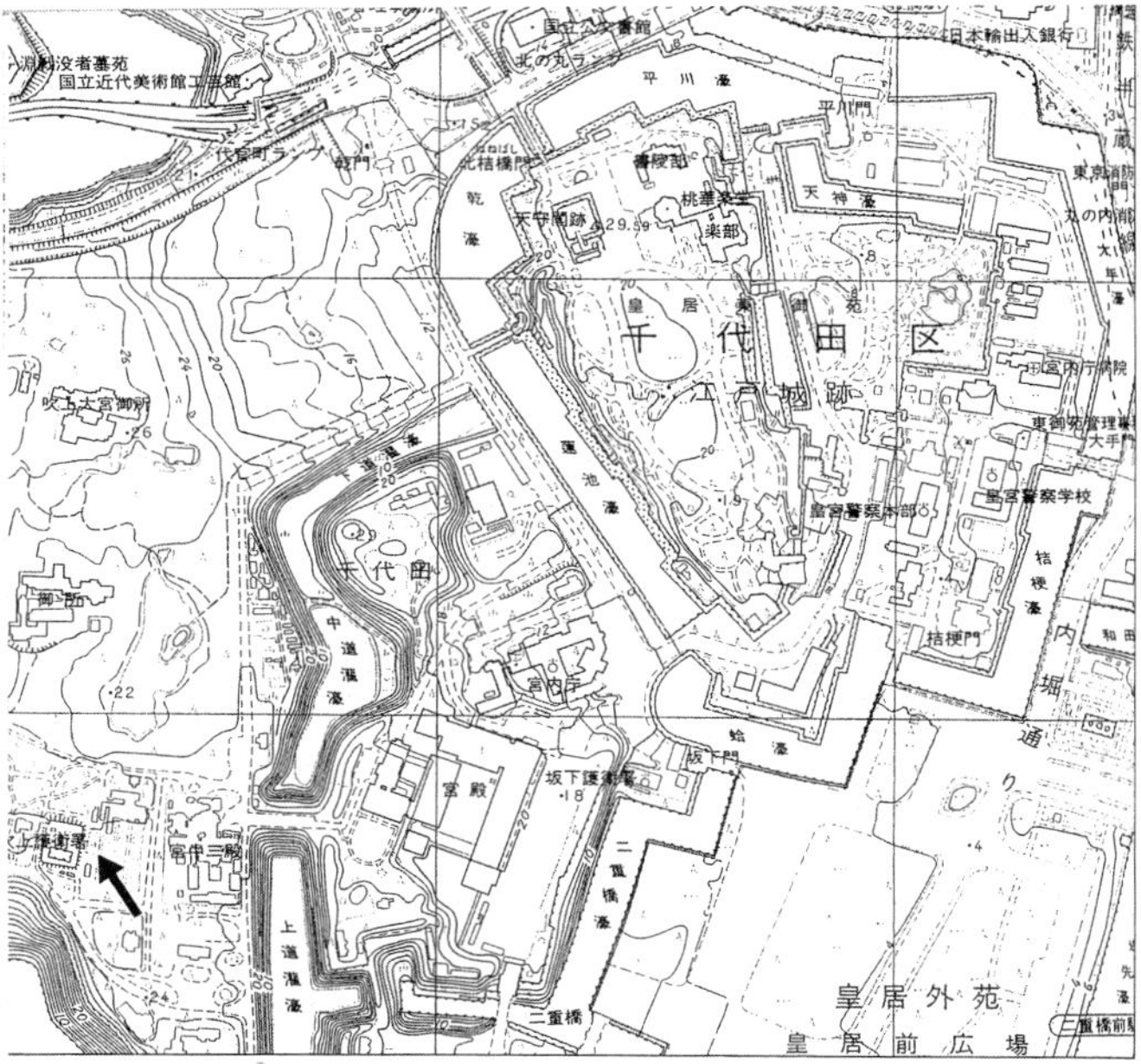

1：10,000「日本橋」平成６年修正（70％縮小）

一方、乾門《いぬい》近くには明治の図には滝見茶屋というのがあって、庭園状に広がった池と田んぼ（ここで大嘗祭の稲を育てたのだろうか）、また起伏をもった森が良さそうな感じで広がっていた。ところが現在のここは池も埋め立てられ、山も平らにされてしまっている。最高地点の三七メートルも二〇メートル台になっているし、きっと何らかの事情で山を削り、池を埋めてしまったのだろう。

テレビでおなじみの「お手植え田んぼ」は一万分の一（一八〇ページ）を凝視すると宮中三殿の西側に発見できる。皇居内に田んぼマークはここしかないから、これがそうだろう（矢印部分）。その西側に長辺がちょうど二五メートルの長方形の貯水池状のものは、長さからいっておそらく水泳用プールではないだろうか。失礼ながら、そんな具合に今なら二重橋の奥がどうなっているか、かなり詳しくわかってしまう。

しかし昔はそうはいかなかった。一万分の一は明治の終わりから作成されてきたが、明治四二年（一九〇九）を最後に皇居の描写は消え、次の大正五年（一九一六）版から完全に空白になってしまった（次ページ）。畏れ多くも陛下のお住まいを臣民どもが空中から覗き見るなど不敬にもほどがある、ということであろう。

かくして明治憲法に「神聖ニシテ侵スヘカラス」とある通り、以後昭和二〇年（一九四五）の敗戦に至るまでの数十年間は完全に菊のベールが地図にも覆われたのであった。

ちなみに戦前の地形図の空白は皇居だけでなく、各地の御用邸、各皇族の屋敷、新宿御苑など

1：25,000「東京首部」昭和 7 年部分修正要修・改描版

の皇室用地全般に及び、この部分には「〇〇官邸」などと注記がある以外は等高線さえも記載されなかったのである。

菊のベールといえば、明治より前は言うまでもなく江戸城であったが、これも空白だったことがある。「江戸切絵図」は江戸の町を木版で詳細に描いたベストセラーだったが、各藩の上屋敷については家紋を入れるのが通例であった。もちろん江戸城にも徳川家の葵の紋が大きく描かれていたのだが、幕末の安政六年（一八五九）に「葵の紋を使ってはならぬ」という命令が出たのだという。

その後しばらくは広大な空白が地図を占めていたそうだが、ある時点から版元は鶴亀の絵をあしらった。デザイン上もなかなか決まるし、将軍家のイヤサカを祈念して……という、上手な配慮であった。

column

さまざまな「地図のウソ」

『地図は嘘つきである』（マーク・モンモニア著、晶文社）には、さまざまな「地図のウソ」が紹介されているが、その中で興味深かったのは、企業防衛のためのウソだ。地図は製作に多くの労力がかかっており、他社にそれを複製されては困る。そこで苦心の作として導入されたのが、同書に紹介されたアメリカの例。びっしり掲載された地名の中に一つか二つのダミーの地名を混ぜておく。もちろん誰にも迷惑がかからないような場所にである。それが、おそらくは編集者のひいきにしているフットボール・チーム名にまつわる架空地名だそうで、もし他社がそのまま複製したらバレる、という寸法だ。日本でもそんな露骨ではないにしても、それに似たある手段で防衛しているという。私は具体例を某出版社の方から教えてもらったが、口外できない。

私は偶然だが「盗用」を発見したことがある。以前住んでいたマンション名（カタカナ）が某社の道路地図では間違っていたのだが、他社の版でも同じ誤りを犯していたのだ。どちらが盗用したか読者としては判断できない。もうひとつは同じく近所のことで、都道が京王線の上を跨いでいる部分が踏切になっていたこと。トレース時に道路の上に勢い余って線路を描いてしまったのだろうが、これが何社にもわたって間違っていたので確認してみると、元となったであろう東京都発行の二五〇〇分の一地形図の誤りだった。これは盗用ではなくて基本図のミスによる誤りの拡散である。

これらはウソというよりミスであるが、見方によっては地図と実際が異なっている場合の大半を占めているのがこのミスだろう。これまで無数の地図を眺めて、数多くの間違いを発見し、ときには地図会社にまとめて手紙を送ったこともあるが、地名の誤植は最も多いのではないだろうか。鍛治町が鍛冶町になっていたり、字体の新旧・異体字の誤認（竈と竃や塩竈（市名）と塩釜（駅名）などモノによって文字遣いが異なる場合。もっと細かいと龍ケ崎市（こちらが正しい）が龍ヶ崎市になっていたり、という校正者も見逃すようなミスを含めれば、どんな地図にも一枚の中に間違いのない地図はないかもしれない。

さて、確信的にウソをつく場合に戻ろう。軍事的に重要な施設をよく隠した社会主義国だが、資本主義国には資本の論理による「ウソ」もある。たとえば自社系列の電車・バスにお客を囲い込むために他社の路線を載せないようなケースだ。箱根戦争などと称されたかつての小田急系と西武系の争いが代表的で、小田急系列は伊豆箱根鉄道のバス路線や同系列の遊覧船を現地の駅の案内地図で無視する一方、西武系列は東京方面へのアクセスをバスと小田原からの新幹線しか表示せず小田急が省かれている。バス停も一〇〇メートルずつ離れて設置するなどの例が知られていたが、昨今ではこんな争いをしているとマイカー族にお客を奪われてしまいかねないので協力して箱根への観光客を誘致している。時代は変わったものだ。ついでながら東武鉄道も戦前からのライバル関係を見直してＪＲの新宿から直通する特急を走らせるなど状況は変わっている。

よくメディアで目にする統計地図も危険だ。都道府県別に色分けしていろいろなデータを一目瞭然に表示するいわゆるコロプレス・マップだが、これも数値の区切り方によっては作製者の意図に合わせた表現が可能になる。たとえば、数値が周辺の県でほとんど団子状になっているのに、ギリギリで最高値を出している県の色を際立たせれば、あたかもその県が突出して数値が高いような表現になる。また図表を見せる原則を意図的に外し、本来はドット（点）で表現するのが適当なものをベタ塗りで表現して印象を歪めることも可能だ。ウソとまでは言えないが、このような一種の情報操作を意図的に積み重ねていけば、世論の形成にも影響を及ぼすだろう。

また、以前は国家の体制を色分けで示した図がよく地図帳に載っていたが、社会主義国を示す赤の色が、メルカトル図法をあえて使うことにより、広大な旧ソ連がますます拡大されて「共産主義の脅威」が強調されていた、と見るのは穿ちすぎだろうか。

ここ数年、江戸時代の地図の復刻版が花盛りであるが、これも意図的に忠実に復刻されていない場合がある。それは被差別部落の問題で、地図によっては「非人小屋」とか「穢多村」などとあからさまに表現してあるものがあり、部落問題がまだまだマスコミ界では最大級のタブーである現在、あえてそのまま掲載する出版社は少ない。このため資料的に見ると不適当なものが多いのだが、これは現状ではある程度仕方のないことではないだろうか。現存する住宅地が、誰もが入手できる古地図によって被差別部落であることがわかってしまうことを歓迎しない住民は少なくないはずだ。また、それほどの露骨な注記でなくても、旧地名でそれとわかってしまう場合もあり、判断は難しくなるだろう。もちろん、この問題をはっきり認識しつつ、「資料性を重視してそのまま複製した」と断り書きをしている学術書系統の復刻もあるが。

被差別部落の存在を隠して復刻された地図は表面的にはウソということになるのかもしれないが、簡単には判断できない問題を含んでいる。

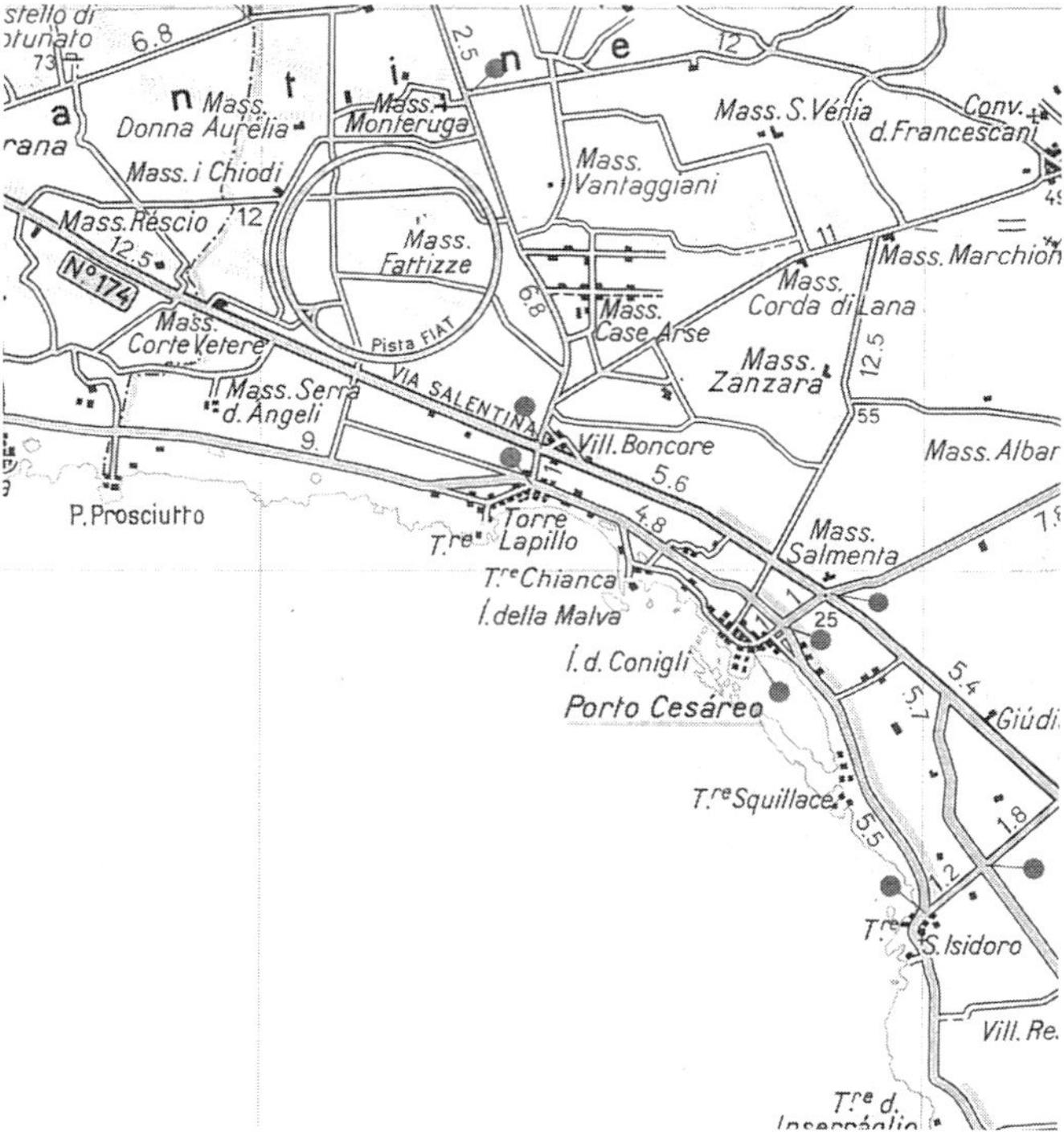

イタリア半島南端部にある巨大円。実はフィアット社の自動車テストコース。

1:200,000「イタリア道路地図帳（南部）」Touring Club Italiano（95%縮小）

地図とは取捨選択である

「地図で読む世界と日本」というタイトルの本書でしたが、お楽しみいただけましたでしょうか。しかし小著にとって世界はあまりにも広く、地図の世界もまだまだ奥深いものがあり、とても紹介し尽くすことはできません。あくまでも本書は、これまでに私がたまたま出合った地図の中のごく一部分を、私の見方でご紹介したものです。人によっては「これは違うな」と感じられるかもしれませんが、優れた文学作品がいろいろな角度から解釈できるのと同様に、地図も「読者」によって異なった解釈が可能な奥行きと幅をもっていることを実感していただければ、本書はその役目を果たしたのではないかと思います。

考えてみれば、文学作品と違って地図に印刷されている文字をすべて読む人はいないだろうし、読む順番も決まっていません。たとえば一万枚も刷られたのに、地図の中には誰ひとり読んでくれない小さな地名もあるでしょう。でも、実用的に地図を使うのではなく、何か面白いものを発見するために地図を旅する人にとっては、その小さな地名が大きな発見だったりするかもしれません。また、図上で見つけた小さな橋の痕跡から郷土史をたどって行き、意外な昔の物語に到達できる可能性もあります。

さて、世間ではテレビや新聞などのマスコミによる報道について「必ずしも額面通りに受け取ってはいけない」という常識は、ある程度浸透しているようです。しかし地図の場合は「常に客観的である」という捉え方がまだまだ一般的ではないでしょうか。実際には本書でも見てきたように、作り手の機関や会社の置かれた立場、歴史・文化的、または思想的な背景、そこまで大袈裟でなくても、想定される使用目的や表現しようとする内容、どこをどのように強調したいのか、などによってその著作物たる地図は大きく形を変えてしまうことが理解いただけたと思います。客観的でないのがケシカランというわけではなく、「完全に客観的な地図」など存在しないことを認識して地図と接することが重要なのです。地図は生まれたときから取捨選択の集成であり、その取捨選択の基準はあくまで各々の作り手がその作製目的によって異なる基準で決めているのですから。

それでも、地図にほとんど読まれることのない地名が載っていることの意義は大きいと思います。たとえば「息子が入院した」ことと「首相が辞任した」という二つの事実を比べてみると報道価値が高いのは言うまでもなく後者であるわけですが、息子の親としては前者の方が絶対に重要です。地図上のほとんど読まれない小地名は決して報道されない一市民の動静に似ていて、これがきちんと載せられている地図は、ある意味でマスコミの報道などよりずっと客観性が高いと見ることもできます。屁理屈かもしれませんが。

吉田初三郎という鳥瞰図の大家が大正から昭和にかけて大活躍しましたが、そのイラストマップの構図の大胆さと芸術性は万人が認めるところです。都市や私鉄の沿線案内図などを多く手がけた人ですが、スポンサーに関連する施設や路線は思い切り大きく詳細に描き、関係ないところは思い切って省略しています。さらに地方都市の鳥瞰図なのに、海の向こうにサンフランシスコとかハワイなどが小さく描かれている超ワイドなスケール感が今もファンの心をつかむ魅力なのでしょう（本書の帯参照）。この大胆さをもって「これは地図とは言えない」と見る人もいるようですが、目的に応じたデフォルメが非常に適切に行なわれているこの鳥瞰図こそ「地図の真骨頂」ではないでしょうか。

とりとめのないことを連ねましたが、ズバリ断言したいと思います。「地図とは、表現目的に応じた図式という絵の具を駆使して世界観を描き上げることである」、と。

今尾恵介

著者紹介
今尾恵介（いまお　けいすけ）
1959年横浜市生まれ。中学生の頃から国土地理院発行の地形図や時刻表を眺めるのが趣味だった。音楽出版社勤務を経て、1991年にフリーランサーとして独立。旅行ガイドブック等へのイラストマップ作成、地図・旅行関係の雑誌への連載をスタート。以後、地図・地名・鉄道関係の単行本の執筆を精力的に手がける。膨大な地図資料をもとに、地域の来し方や行く末を読み解き、環境、政治、地方都市のあり方までを考える。現在は、（一財）日本地図センター客員研究員、（財）地図情報センター評議員、日本地図学会評議員。著書は『日本鉄道旅行地図帳』『日本鉄道旅行歴史地図帳』（いずれも監修）、『地図で読む戦争の時代』、『地図で読む昭和の日本』、『日本地図のたのしみ』、『日本の地名遺産』、『地図の遊び方』、『路面電車』、『地形図でたどる鉄道史（東日本編・西日本編）』など多数。

本書は2007年に「地球のカタチ」シリーズの一冊として弊社より刊行された『世界の地図を旅しよう』を増補、改題したものです。

白水uブックス　1130

地図で読む世界と日本

著　者©今尾恵介
発行者　及川直志
発行所　株式会社白水社
東京都千代田区神田小川町3-24
振替　00190-5-33228　〒101-0052
電話（03）3291-7811（営業部）
（03）3291-7821（編集部）
http://www.hakusuisha.co.jp

2014年2月5日印刷
2014年2月28日発行
本文印刷　株式会社三秀舎
表紙印刷　三陽クリエイティヴ
製　　本　誠製本株式会社
Printed in Japan

ISBN978-4-560-72130-8

乱丁・落丁本は送料小社負担にてお取り替えいたします。

みんなの地図帳
[著] 田代博 ▶

地図、地図帳、地理教育、デジタル地図など、地図の楽しみ方を紹介。第一線で活躍する著者が、現代の地図をめぐる状況を解説していく。

日本の古地図
[著] ▶今尾恵介

和算の展開、ニコライ堂、高輪泉岳寺、米沢藩邸など、歴史的な資料を読み解きながら、日本の古地図の魅力を紹介。

日本の古地図
[著] ▶今尾恵介

地図に描かれた江戸時代の風景と、現代の地図とを比較しながら、日本の古地図の世界を楽しむ本。

◎日本の古◎